"十三五"职业教育改革项目成果
土建类学科专业系列规划教材

建筑工程施工组织

张　迪　申永康　主编

科学出版社

北　京

内 容 简 介

本书是根据高等职业教育的教学特点和专业需要进行设计和编写的。本书共 6 章，主要内容包括建筑施工组织概述、建筑工程流水施工、网络计划技术、施工准备工作、单位工程施工组织设计和施工组织总设计。附录中介绍了《建筑施工组织设计规范》（GB/T 50502—2009）内容及说明。每章后均设有思考与练习模块，以帮助学生巩固所学知识。本书内容翔实、图文并茂，通过对本书的学习，学生应能够掌握建筑工程施工组织设计与管理的基本知识，具备编制单位工程施工组织设计、指导现场施工、进行施工过程控制等技能。

本书可作为高等职业教育土建类建筑工程技术专业、工程造价等专业的教学用书，也可作为岗位培训教材或供土建工程技术人员学习参考。

图书在版编目（CIP）数据

建筑工程施工组织/张迪，申永康主编. —北京：科学出版社，2018.6
（十三五"职业教育改革项目成果·土建类学科专业系列规划教材）
ISBN 978-7-03-057005-5

Ⅰ.①建… Ⅱ.①张… ②申… Ⅲ.①建筑工程-施工组织-高等职业教育-教材 Ⅳ.①TU721

中国版本图书馆 CIP 数据核字（2018）第 053120 号

责任编辑：万瑞达 / 责任校对：陶丽荣
责任印制：吕春珉 / 封面设计：曹 来

科学出版社 出版

北京东黄城根北街 16 号
邮政编码：100717
http://www.sciencep.com

天津翔远印刷有限公司 印刷

科学出版社发行 各地新华书店经销

*

2018 年 6 月第 一 版 开本：787×1092 1/16
2018 年 6 月第一次印刷 印张：14 1/2
字数：344 000
定价：38.00 元
（如有印装质量问题，我社负责调换〈翔远〉）

销售部电话 010-62136230 编辑部电话 010-62130874

前　　言

　　"建筑工程施工组织"课程是高等职业教育土建类建筑工程技术专业及其他土建类相关专业的主干专业课程。其主要介绍建筑工程施工组织的基本理论、基本方法及建设项目管理的主要内容。

　　本书编者均来自职业院校教学一线，有多年教学和实践经验，在编写本书时，充分考虑本课程与其他相关学科基本理论和知识的联系，突出实用性，注重培养学生解决工程实践问题的能力，力求做到特色鲜明、层次分明、条理清晰、结构合理。本书在内容组织上体现了建筑工程施工组织的基本理论及基本方法与工程实践相结合的原则。全书共分6章，其中第1~3章主要介绍建筑工程施工组织的基本概念、基本理论与基本方法，第4~6章结合建筑工程施工组织的特点，主要介绍基于建筑工程施工过程的施工组织实用技术。

　　本书由杨凌职业技术学院张迪、申永康担任主编，谢琼、彭燕、申琳及西安职业技术学院谢志秦参与编写。其中，第1、2章由张迪编写，第3章由申永康编写，第4章由谢琼编写，第5章由彭燕编写，第6章由申琳编写。本书附录由谢志秦提供。全书由张迪统稿和校订。

　　在编写本书的过程中，编者得到了众多专家、同行的帮助，在此一并表示衷心的感谢！同时，本书参考了有关专业文献和资料，对相关作者表示感谢！

　　由于编者学识和水平有限，加上编写时间较为仓促，书中疏漏和不妥之处在所难免，恳请广大读者批评指正，以便后续不断改进和完善。

编　者

2017 年 7 月

目　　录

第1章
建筑施工组织概述

本章主要介绍基本建设、建设项目、基本建设程序的相关知识，以及施工组织设计作用、任务、分类和编制。本章重点内容为工程建设项目的基本建设程序与建筑工程施工组织设计的基本类型。

1.1 基本建设项目与基本建设程序

1.1.1 基本建设项目

1. 基本建设的概念

基本建设是指以固定资产扩大再生产为目的，国民经济各部门、各单位购置和建造新的固定资产的经济活动，以及与其相关的工作。简言之，基本建设是形成新的固定资产的过程。基本建设为国民经济的发展和人民物质生活的提高奠定了物质基础。基本建设主要通过新建、扩建、改建和重建工程，特别是新建和扩建工程的建造，以及与其相关的工作来实现。因此，建筑施工是完成基本建设的重要活动。

基本建设是一种综合性的宏观经济活动。它还包括工程的勘察与设计、土地的征购、物资的购置等。它横跨于国民经济各部门，包括生产、分配和流通等环节。其主要内容有建筑工程、安装工程、设备购置、列入建设预算的工具及器具购置、列入建设预算的其他基本建设工作。

2. 基本建设项目的概念与组成

基本建设项目简称建设项目，是指有独立计划和总体设计文件，并能按总体设计要求组织施工，工程完工后可以形成独立生产能力或使用功能的工程项目。在工业建设中，一般以拟建的厂矿企业单位为一个建设项目，如一个制药厂、一个客车厂等。在民用建设中，一般以拟建的企事业单位为一个建设项目，如一所学校、一所医院等。

不同建设项目的规模和复杂程度各不相同。一般情况下，根据组成内容从大到小的顺序将建设项目划分为若干个单项工程、单位工程、分部工程和分项工程等项目。

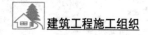

（1）单项工程

单项工程又称工程项目，是指具有独立设计文件，能独立组织施工，竣工后可以独立发挥生产能力和效益的工程。一个建设项目可以由一个或几个单项工程组成。例如，一所学校由教学楼、实验楼和办公楼等单项工程组成。

（2）单位工程

单位工程是指具有单独设计图纸，可以独立施工，但竣工后一般不能独立发挥生产能力和经济效益的工程。一个单项工程通常都由若干个单位工程组成。例如，一个工厂车间通常由建筑工程、管道安装工程、设备安装工程、电器安装工程等单位工程组成。

（3）分部工程

分部工程是指根据单位工程的部位、构件性质、使用的材料或设备种类等不同而划分的工程。例如，一幢房屋的土建单位工程，根据部位不同可以划分为基础、主体、屋面和装修等分部工程，根据使用工种不同可以划分为土石方工程、砌筑工程、钢筋混凝土工程、防水工程和抹灰工程等。

（4）分项工程

分项工程一般是按分部工程的施工方法、使用材料、结构构件的规格等不同因素划分的，用简单的施工过程就能完成的工程。例如，房屋的基础分部工程可以划分为挖土、混凝土垫层、砌毛石基础和回填土等分项工程。

1.1.2 基本建设程序

基本建设程序是指一个建设项目在整个建设过程中各项工作必须遵循的先后次序。它是客观存在的自然规律和经济规律的正确反映，是经过多年实践的科学总结。

基本建设程序可分为4个阶段，共8个环节。

1. 基本建设程序的4个阶段

（1）计划任务书阶段

这个阶段主要根据国民经济的规划目标，确定基本建设项目的内容、规模和地点，编制计划任务书。该阶段要做大量的调查、研究、分析和论证工作。

（2）设计和准备阶段

这个阶段主要根据已批准的计划任务书，进行建设项目的勘察和设计，做好建设准备，安排建设计划，落实年度基本建设计划，做好设备订货等工作。

（3）施工和生产阶段

这个阶段主要根据设计图纸进行土建工程施工、设备安装工程施工，并做好生产或使用的准备工作。

（4）竣工验收和交付使用阶段

这个阶段主要是指单项工程或整个建设项目完工后，进行竣工验收工作，移交固定资产，交付建设单位使用。

2．基本建设程序的 8 个环节

（1）可行性研究

可行性研究是指根据国民经济发展规划和项目建议书，在建设项目投资决策前进行的技术经济论证。其目的是从技术、工程和经济等方面论证建设项目是否合适，以减少项目投资决策的盲目性，提高科学性。

可行性研究主要包括以下内容：①建设项目提出的背景和依据；②建设规模、产品方案；③技术工艺、主要设备、建设标准；④资源、原材料、燃料供应、动力、运输、供水等协作配合条件；⑤建设地点、场区布置方案、占地面积；⑥项目设计方案、协作配套工程；⑦环保、防震等要求；⑧劳动定员和人员培训；⑨建设工期和实施进度；⑩投资估算和资金筹措方式；⑪经济效益和社会效益分析。

（2）编制计划任务书，选定建设地点

计划任务书又称设计任务书，是确定建设项目和建设方案的基本文件。各类建设项目的计划任务书的内容不尽相同，大、中型项目一般包括以下内容：①建设目的和依据；②建设规模、产品方案、生产方法或工艺原则；③矿产资源、水文地质和工程地质条件；④资源综合利用、环境保护与"三废"治理方案；⑤建设地区、地点和占地面积；⑥建设工期；⑦投资总额；⑧劳动定员控制数；⑨要求达到的经济效益和技术水平。

（3）编制设计文件

设计文件是安排建设项目和组织施工的主要依据，通常由主管部门和建设单位委托设计单位编制。

对于一般的建设项目，可按扩大初步设计和施工图设计两个阶段进行。对于技术复杂、缺乏经验的项目，可按初步设计、技术设计和施工图设计 3 个阶段进行，并根据初步设计编制设计概算，根据技术设计编制修正概算，根据施工图设计编制施工预算。

（4）制订年度计划

初步设计和设计概算批准后，即列入国家年度基本建设计划。它是进行基本建设拨款或贷款、分配资源和设备的主要依据。

（5）建设准备

建设项目开工前要进行主要设备和特殊材料的申请订货和施工准备工作。

（6）组织施工

组织施工是将设计的图纸变成确定的建设项目的活动。为确保工程质量，必须严格按照施工图纸、技术操作规程和施工验收规范进行，完成全部的建设工程。

（7）生产准备

在全面施工的同时，要按生产准备的内容做好各项生产准备工作，以确保及时投产，尽快达到生产能力。

（8）竣工验收，交付使用

竣工验收是对建设项目的全面考核。竣工验收程序一般分两步：第一步，单项工程

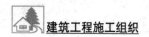

已按设计要求完成全部施工内容，即可由建设单位组织验收；第二步，在整个建设项目全部建成后，按有关规定，由负责验收单位根据国家或行业颁布的验收规程组织验收。在完成验收后，建设单位与施工单位签证交工验收证书，办理交工验收手续，正式移交使用。

1.2 建筑产品与建筑施工的特点

建筑产品是指建筑企业通过施工活动生产出来的产品。它主要包括各种建筑物和构筑物。建筑产品与其他工业产品相比较，其本身和施工过程都具有一系列的特点。

1.2.1 建筑产品的特点

1. 固定性

一般建筑产品均由基础和主体两部分组成。基础承受其全部荷载，并传给地基，同时将主体固定在地面上。任何建筑产品都在选定的地点上建造和使用，它在空间上是固定的。

2. 多样性

建筑产品不仅要满足复杂的使用功能的要求，其所具有的艺术价值还要体现出地方或民族的风格、物质文明和精神文明程度等。同时，建筑产品还受到建设地点的自然条件等因素的影响，从而使建筑产品在规模、建筑形式、构造和装饰等方面具有很多的差异。

3. 体积庞大

无论是复杂的建筑产品，还是简单的建筑产品，均是为构成人们生活和生产的活动空间或满足某种使用功能而建造的。建造一个建筑产品需要大量的建筑材料、制品、构件和配件。因此，一般的建筑产品要占用大片的土地和广阔的空间。建筑产品与其他工业产品相比，体积格外庞大。

1.2.2 建筑施工的特点

建筑产品本身的特点，决定了建筑产品生产过程（建筑施工）具有以下特点：

1. 流动性

建筑产品的固定性决定了建筑施工的流动性。在建筑产品的生产过程中，工人及其使用的材料和机具不仅要随建筑产品建造地点的不同而流动，在同一建筑产品的施工中，还要随产品施工的部位不同，移动施工的工作面。

2. 单件性

建筑产品地点的固定性和类型的多样性决定了产品生产的单件性。每个建筑产品应在选定的地点上单独设计和施工。

3. 周期长

建筑产品的体积庞大决定了其施工周期长。建筑产品体积庞大，施工中要投入大量的劳动力、材料、机械设备等，因此与一般的工业产品比较，其施工周期较长，少则几个月，多则几年。

4. 复杂性

建筑产品的固定性、多样性及体积庞大决定了建筑施工的复杂性。一方面，建筑产品的固定性和体积庞大决定了建筑施工多为露天作业，必然使施工活动受自然条件的制约；另一方面，由于施工活动中有大量的高空作业、地下作业，以及建筑产品本身的多种多样，造成了建筑施工的复杂性。这就要求事先应有一个全面的施工组织设计，提出相应的技术、组织、质量、安全、节约等保证措施，避免发生质量和安全事故。

1.3 施工组织设计

1.3.1 施工组织设计的作用和任务

施工组织设计是规划和指导拟建工程从施工准备到竣工验收全过程的综合性的技术经济文件。由于受建筑产品及其施工特点的影响，每个工程项目开工前必须根据工程特点与施工条件，编制施工组织设计。

1. 作用

施工组织设计是对施工过程实行科学管理的重要手段，是检查工程施工进度、质量、成本三大目标是否满足要求的依据。通过编制施工组织设计，可以明确工程的施工方案、施工顺序、劳动组织措施、施工进度计划及资源需用量计划，以及临时设施、材料、机具的具体位置，有效地使用施工现场，提高经济效益。

2. 任务

施工组织设计的任务是根据国家的各项方针、政策、规程和规范，从施工的全局出发，结合工程的具体条件，确定经济、合理的施工方案，对拟建工程在人力和物力、时

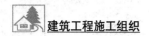

间和空间、技术和组织等方面统筹安排，以期达到耗工少、工期短、质量高和造价低的最优效果。

1.3.2　施工组织设计的分类

施工组织设计按编制阶段和对象的不同，分为施工组织总设计、单位工程施工组织设计和分部（分项）工程施工组织设计三类。

1．施工组织总设计

施工组织总设计是以一个建筑群或建设项目为编制对象，用以指导一个建筑群或建设项目施工全过程的各项施工活动的技术、经济和组织的综合性文件。施工组织总设计一般在建设项目的初步设计或扩大初步设计被批准之后，在总承包单位的工程师领导下进行编制。

2．单位工程施工组织设计

单位工程施工组织设计是以一个单位工程为编制对象，用以指导单位工程施工全过程的技术、经济和组织的综合性文件。单位工程施工组织设计在施工图设计完成之后、工程开工之前，在施工项目技术负责人领导下进行编制。

3．分部（分项）工程施工组织设计

分部（分项）工程施工组织设计是以分部（分项）工程为编制对象，对结构特别复杂、施工难度大、缺乏施工经验的分部（分项）工程编制的作业性施工设计。分部（分项）工程施工组织设计由单位工程施工技术员负责编制。

1.3.3　编制施工组织设计的基本原则

在组织施工或编制施工组织设计时，应根据建筑施工的特点及以往积累的经验，遵循以下原则进行。

1．认真贯彻国家对工程建设的各项方针和政策，严格执行基本建设程序

严格控制固定资产投资规模，保证国家的重点建设；对于基本建设项目必须实行严格的审批制度；严格按基本建设程序办事；严格执行建筑施工程序。要做到"五定"，即定建设规模、定投资总额、定建设工期、定投资效果、定外部协作条件。

2．坚持合理的施工程序和施工顺序

建筑施工有其本身的客观规律，按照反映这种规律的工作程序组织施工，就能保证各施工过程相互促进，加快施工进度。

1）施工顺序随工程性质、施工条件和使用要求的不同会有所不同，但一般遵循如下规律：先做准备工作，后正式施工。准备工作的目的是为后续生产活动正常进行创造必要的条件。准备工作不充分就贸然施工，不仅会引起施工混乱，还会造成资源浪费，延误工期。

2）先进行全场性工作，后进行各个工程项目施工。先进行场地平整、管网敷设、道路修筑和电路架设等全场性工作，为施工中用电、供水和场内运输创造条件。

3）对于单位工程，既要考虑空间顺序，又要考虑各工种之间的顺序。空间顺序解决施工流向问题，它是由工程使用要求、工期和工程质量来决定的。工种之间的顺序解决时间上的搭接问题，必须做到保证质量、充分利用工作面、争取时间。

另外，还有先地下后地上，地下工程先深后浅；先主体、后装修；管线工程先场外后场内的施工顺序。

3. 尽量采用国内外先进的施工技术，进行科学的组织和管理

采用先进的技术和科学的组织管理方法是提高劳动生产率、改善工程质量、加快工程进度、降低工程成本的主要途径。在选择施工方案时，要积极采用新技术、新工艺、新设备，以获得最大的经济效益。同时，也要防止片面追求先进技术而忽视经济效益的做法。

4. 采用流水施工、网络计划技术组织施工

实践证明，采用流水施工方法组织施工不仅能使拟建工程的施工有节奏、均衡、连续地进行，而且会带来显著的技术、经济效益。

网络计划技术是当代计划管理的新方法。网络计划即应用网络图的形式表示计划中各项工作的相互关系，具有逻辑严密、层次清晰、关键问题明确的特点，可进行计划方案的优化、控制和调整，有利于计算机在计划管理中的应用。实践证明，管理中采用网络计划技术，可有效地缩短工期和节约成本。

5. 尽量减少临时设施，科学合理地布置施工平面图

在组织工程项目施工时，应尽量利用正式工程、原有或就近已有设施，以减少各种临时设施；尽量利用当地资源，合理安排运输、装卸与存储作业，减少物资运输量，避免二次搬运；精心进行现场布置，节约现场用地，不占或少占农田；做到现场文明施工。

6. 充分利用现有机械设备，提高机械化程度

建筑产品生产需要消耗巨大的体力劳动，在建筑施工过程中，尽量以机械化施工代替手工操作，这是建筑技术进步的一个重要标志。为此，在组织工程项目施工时，要结合当地和工程情况，充分利用现有的机械设备，扩大机械化施工范围，提高机械化施工程度。同时要充分发挥机械设备的生产率，保证其作业的连续性，提高机械设备的利用率。

7. 科学地安排冬期、雨期施工项目，提高施工的连续性和均衡性

建筑施工一般都是露天作业，易受天气影响，严寒和下雨的天气都不利于建筑施工的正常进行。如果不采取相应的技术措施，冬期和雨期就不能连续施工。目前，已经有成功的冬期、雨期施工措施，可以保证施工正常进行，但是施工费用会相应增加。因此，在制订施工进度计划时，要根据施工项目的具体情况，将适合冬期、雨期施工的、不会过多增加施工费用的施工项目安排在冬期、雨期进行施工，提高施工的连续性和均衡性。

以上原则既是建筑产品生产的客观需要，又是加快施工进度、缩短工期、保证工程质量、降低工程成本、提高建筑施工企业和工程项目建设单位的经济效益的需要。所以必须在组织工程项目施工的过程中认真地贯彻执行。

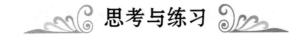

思考与练习

一、思考题

1. 简述基本建设、基本建设程序的概念。
2. 简述基本建设项目的组成。
3. 简述建筑产品的特点及建筑施工的特点。
4. 简述施工组织设计的作用和分类。
5. 编制施工组织设计时应遵循哪些基本原则？

二、练习题

1. 单项选择题。
（1）某建设项目的决策以该项目的（　　）被批准为标准。
　　A．设计任务书　　　　　　　　　B．项目建议书
　　C．可行性研究报告　　　　　　　D．初步设计
（2）在同一个建设项目中，下列关系正确的是（　　）。
　　A．建设项目≥单项工程＞单位工程＞分部工程＞分项工程
　　B．建设项目＞单位工程＞检验批＞分项工程
　　C．单项工程≥单位工程＞分部工程＞分项工程
　　D．单项工程＞单位工程≥分部工程＞分项工程＞检验批
（3）建筑产品地点的固定性和类型的多样性决定了建筑产品生产的（　　）。
　　A．流动性　　　B．单件性　　　　C．地区性　　　　D．复杂性
2. 填空题。
（1）建筑施工的特点有_____、_____、_____和建筑工程的复杂性。

（2）施工组织设计按编制对象范围的不同分为_____、_____和分部（分项）工程施工组织设计。

（3）目前，我国基本建设程序概括地讲主要阶段是_____、_____、_____和竣工验收阶段。

第2章

建筑工程流水施工

本章主要介绍流水施工的基本概念，流水施工的参数、计算方法，组织流水施工的基本方式及其适用条件。本章重点为流水施工各参数的计算方法与流水施工的基本方式。

2.1　流水施工概述

建筑产品的生产过程非常复杂，往往有几十个甚至上百个施工过程，需要多个专业不同的施工队组的相互配合才能完成。由于施工组织方法、施工队组、工作程序等不同，工程的工期、成本、质量有所不同，因此需要找到一种较好的施工组织方法，使工程在工期、成本、质量等几个方面都较优。

2.1.1　组织施工的基本方式

建筑产品的常规生产组织方式主要有依次施工、平行施工和流水施工3种。为了说明这3种方式的概念和特点，下面通过一个实例对3种基本方式进行对比与分析。

例2-1　建造四幢相同的砖混结构住宅楼，编号分别为Ⅰ、Ⅱ、Ⅲ、Ⅳ。其基础工程有挖土方、做垫层、砌基础和回填土4个施工过程。施工方组织了4个专业工作队，分别完成上述4个施工过程的任务，4个专业工作队分别由16人、30人、20人和10人组成。把每幢楼作为一个施工段，各工作队在每个施工段上完成各自的施工任务所需的时间分别为挖土方 $t_1=2d$、做垫层 $t_2=1d$、砌基础 $t_3=3d$、回填土 $t_4=1d$。

1. 依次施工

依次施工是按一定的施工顺序，各施工段或施工过程依次施工、依次完成的一种施工组织方式，其施工进度、工期和劳动力需用量动态曲线如图2-1和图2-2所示。

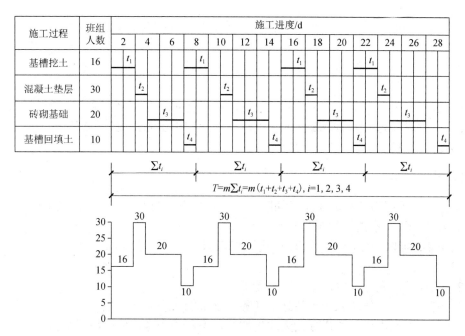

图 2-1　依次施工（按施工段）的施工进度、工期和劳动力需用量动态曲线

T—施工工期；m—施工段数；t_i—某施工过程的流水节拍

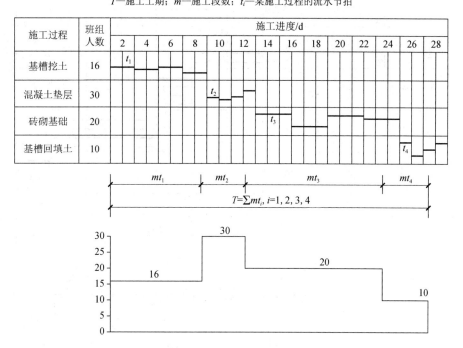

图 2-2　依次施工（按施工过程）的施工进度、工期和劳动力需用量动态曲线

T—施工工期；m—施工段数；t_i—某施工过程的流水节拍

由图 2-1 和图 2-2 可以看出，依次施工组织方式具有以下特点：

1）工期很长。

2）各专业队（组）不能连续工作，产生窝工现象。

3）工作面闲置多，空间不连续。

4）若由一个工作队完成全部施工任务，则不能实现专业化生产。

5）单位时间内投入的资源量的种类较少，有利于资源供应的组织工作。

6）施工现场的组织管理较简单。

2．平行施工

平行施工是指对所有的施工段同时开工、同时完工的组织方式。其施工进度、工期和劳动力需用量动态曲线如图 2-3 所示。

由图 2-3 可以看出，平行施工组织方式具有以下特点：

1）工期短。

2）工作面能充分利用，施工段上无闲置。

3）若由一个工作队完成全部施工任务，则不能实现专业化生产。

4）单位时间内投入的资源数量成倍增加，不利于资源供应的组织工作。

5）施工现场的组织管理较复杂。

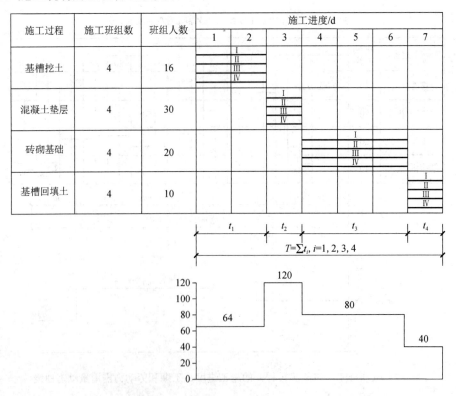

图 2-3　平行施工的施工进度、工期和劳动力需用量动态曲线

3．流水施工

流水施工是指所有的施工过程按一定的时间间隔依次投入施工，各施工过程陆续开工、竣工，使同一施工过程的施工班组保持连续、均衡施工，不同的施工过程尽可能搭接施工的组织方式。其施工进度、工期和劳动力需用量动态曲线如图 2-4 所示。

由图 2-4 可以看出，流水施工组织方式具有以下特点：

1）工期比较合理。

2）各工作队（组）能连续施工。

3）各施工段上，不同的工作队（组）依次连续地进行施工。

4）工作队实现了专业化。

5）单位时间内投入施工的资源量较为均衡，有利于资源供应的组织工作。

6）为施工现场的文明施工和科学管理创造了有利条件。

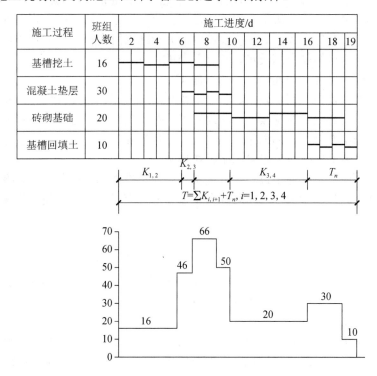

图 2-4　流水施工（全部连续）的施工进度、工期和劳动力需用量动态曲线

$K_{i,i+1}$—第 i 个施工过程和第 $i+1$ 施工过程之间的流水步距；T_n—最后一个施工过程流水持续时间

从 3 种施工组织方式的对比分析中可以看出：流水施工方式是一种先进的、科学的施工组织方式。

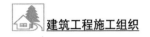

2.1.2 流水施工的组织条件和经济效果

1. 组织条件

（1）划分施工过程

划分施工过程即根据工程特点、施工要求、工艺要求、工程量大小将拟建工程的建造过程分解为若干个施工过程，它是组织专业化施工和分工协作的前提。

（2）划分施工段

划分施工段即根据组织流水施工的需要，将拟建工程在平面上或空间上划分为工程量大致相等的若干个施工段，也就是将建筑单件产品变成多件产品，以便成批生产，它是形成流水施工的前提。

（3）每个施工过程组织独立的施工班组

在一个流水组中，每一个施工过程应尽可能组织独立的施工班组。根据施工需要，施工班组的形式可以是专业班组，也可以是混合班组。这样可使每个施工班组按施工顺序，依次、连续、均衡地从一个施工段转移到另一施工段进行相同的操作。每个施工过程组织独立的施工班组是提高质量、增加效益的保证。

（4）主要施工过程必须连续、均衡地施工

主要施工过程是指工程量较大、施工时间较长、对总工期有决定性影响的施工过程。对于这类施工过程必须组织连续、均衡地施工；对于次要施工过程，可考虑与相邻的施工过程合并，如不能合并，为缩短工期，可安排间断施工。

（5）不同的施工过程尽可能组织平行搭接施工

根据施工顺序和不同施工过程之间的关系，在工作面允许的条件下，除去必要的技术和组织间歇时间外，力求在工作时间和工作空间上有搭接，从而使工作面的使用、工期更加合理。

2. 经济效果

流水施工组织方式是一种先进的、科学的施工组织方式，应用这种方式进行施工，会产生优越的经济效果，主要体现在以下几方面。

（1）缩短施工工期

由于流水施工具有连续性，减少了时间间歇，加快了各专业工作队的施工进度，相邻工作队在开工时间上最大限度地、合理地搭接，充分利用了工作面，因此可以大大缩短施工工期。

（2）提高劳动生产率、保证质量

各个施工过程均采用专业班组操作，可提高工人的熟练程度和操作技能，从而提高了工人的劳动生产率，同时，易于保证和提高工程质量。

（3）方便资源调配、供应

采用流水施工，可使劳动力和其他资源的使用比较均衡，从而可避免出现劳动力和资源使用前后相差较大的现象，减轻施工组织者的压力，方便资源的调配、供应和运输。

（4）降低工程成本

由于组织流水施工缩短了工期，提高了工作效率，资源消耗均衡，便于物资供应，用工少，因此减少了人工费用、机械使用费用、暂设工程费用、施工管理费用等相关费用支出，降低了工程成本。

2.1.3　流水施工进度计划的表达形式

1．横道图

横道图如图 2-5 所示，其左边列出各施工过程（或施工段）名称，右边用水平线段画出施工进度，水平线段的长度表示某施工过程在某施工段上的作业时间，水平线段的位置表示某施工过程在某施工段上作业从开始到结束的时间。

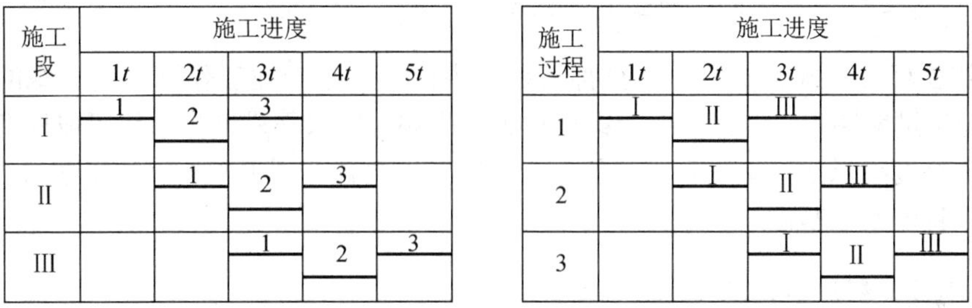

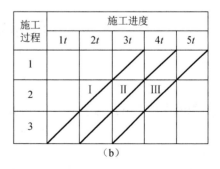

图 2-5　横道图

1、2、3—施工过程；Ⅰ、Ⅱ、Ⅲ—施工段；t—一个时间单位

2．斜线图

斜线图是将横道图中的水平进度改为斜线来表达的一种形式，如图 2-6 所示。在斜线图中斜线的斜率越大，施工速度越快。

图 2-6　斜线图

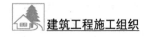

3. 网络图

网络图将在第 3 章中详细介绍，这里不再赘述。

2.1.4 流水施工的分类

按流水施工组织的范围不同，流水施工通常可分为如下几种。

1. 分项工程流水施工（细部流水施工）

分项工程流水施工是指一个专业工作队依次在各个施工段上进行的流水施工。它在施工进度图中，通常由一条标有施工段编号的水平进度指示线段或标有施工过程的斜向进度指示线段表示。其是组织工程流水施工中范围最小的流水施工。

2. 分部工程流水施工（专业流水施工）

分部工程流水施工是在一个分部工程的内部，几个专业工作队之间组织的流水施工。在施工进度图中，它通常由一组标有施工段编号的水平进度指示线段或标有施工过程的斜向进度指示线段来表示。其是一个分部工程内各分项工程流水的工艺组合，是组织单位工程流水的基础。

3. 单位工程流水施工（综合流水施工）

单位工程流水施工是在一个单位工程的内部，几个分部工程之间组织的流水施工。在施工进度图中，它通常由几组流水进度指示线段来表示，表示该单位工程的进度计划。

4. 群体工程流水施工（大流水施工）

群体工程流水施工是在几个单位工程之间组织的流水施工。在施工进度图中，其通常是该群体工程的施工总进度计划。

2.2 流水施工的参数

在组织流水施工时，为了清楚、准确地表达各施工过程在时间和空间上的相互依存关系，需引入一些描述施工进度计划图特征和各种数量关系的参数，这些参数称为流水施工参数。

流水施工参数按其性质的不同，一般可分为工艺参数、空间参数和时间参数 3 种。

2.2.1　工艺参数

工艺参数主要是指在组织流水施工时，用以表达流水施工在施工工艺进展状态的参数，通常有施工过程数和流水强度。

1. 施工过程数

施工过程数是指一组流水的施工过程数目，用 n 表示。施工过程可以是分项工程、分部工程、单位工程或单项工程的施工过程，施工过程划分的数目多少、粗细程度与下列因素有关。

（1）与施工进度计划的对象范围和作用有关

编制控制性流水施工的进度计划时，划分的施工过程较粗，数目要少，一般情况下，施工过程最多分解到分部工程；编制实施性进度计划时，划分的施工过程较细，数目要多，绝大多数施工过程要分解到分项工程。

（2）与工程建筑和结构的复杂程度有关

工程的建筑和结构越复杂，相应的施工过程数目越多，如砖混与框架的混合结构的施工过程数目多于同等规模的砖混结构。

（3）与工程施工方案有关

不同的施工方案，其施工顺序和施工方法也不相同，如框架主体结构的施工，采用的模板不同，施工过程数也不同。

（4）与劳动组织及劳动量大小有关

对于劳动量小的施工过程，当组织流水施工有困难时，可与其他施工过程合并。例如，垫层劳动量较小时，可与挖土合并成一个施工过程，这样可以使各个施工过程的劳动量大致相等，便于组织流水施工。

此外，施工过程的划分与施工班组及施工习惯有关，如安装玻璃、油漆施工可分可合，因为有的是混合班组，有的是单一工程的班组。

在划分施工过程数目时要适量，分得过多、过细，会使施工队组多、进度计划烦琐，指导施工时，抓不住重点；分得过少、过粗，与实际施工时相差过大，不利于指导施工。

对于单位工程而言，其流水进度计划中不一定包括全部施工过程数，因为有些过程并非都按流水方式组织施工，如制备类、运输类施工过程。

2. 流水强度

流水强度是每个施工过程在单位时间内所完成的工作量。

1）机械施工过程的流水强度按下式计算：

$$V_i = \sum_{i=1}^{x} R_i S_i$$

式中　V_i——第 i 施工过程的流水强度；

R_i——投入第 i 施工过程的某种主要施工机械的台数；

S_i——该种施工机械的产量定额；

x——投入第 i 施工过程的主要施工机械的种类数。

2）手工操作过程的流水强度按下式计算：

$$V_i=R_iS_i$$

式中　V_i——第 i 施工过程手工操作的流水强度；

R_i——投入第 i 施工过程的工人数；

S_i——第 i 施工过程的产量定额。

2.2.2　空间参数

空间参数是用来表达流水施工在空间布置上所处状态的参数，包括工作面、施工段和施工层。

1．工作面

工作面是指供工人进行操作或施工机械进行作业的活动空间，用 a 表示。工作面大小的确定要掌握适度的原则，以最大限度地提高工人的工作效率为前提，按所能提供的工作面大小、安全技术和施工技术规范的规定来确定工作面大小。工作面过大或过小都会影响工人的工作效率。一些主要工种的工作面取值可参考表 2-1。

表 2-1　一些主要工种的工作面取值

工作项目	每个技工的工作面	说明
砖基础	7.6m/人	以砖基础断面厚度为 $1\frac{1}{2}$ 砖计，2 砖墙乘以 0.8，3 砖墙乘以 0.55
砌砖墙	8.5m/人	以墙厚为 1 砖墙计，$1\frac{1}{2}$ 砖墙乘以 0.71，3 砖墙乘以 0.55
混凝土柱、墙基础	8m³/人	机拌、机捣
混凝土设备基础	7 m³/人	机拌、机捣
现浇钢筋混凝土柱	2.45m³/人	机拌、机捣
现浇钢筋混凝土梁	3.20m³/人	机拌、机捣
现浇钢筋混凝土墙	5m³/人	机拌、机捣
现浇钢筋混凝土楼板	5.3m³/人	机拌、机捣
预制钢筋混凝土柱	3.6m³/人	机拌、机捣
预制钢筋混凝土梁	3.6m³/人	机拌、机捣
预制钢筋混凝土层架	2.7m³/人	机拌、机捣
混凝土地坪及面层	40m²/人	机拌、机捣
外墙抹灰	16m²/人	—
内墙抹灰	18.5m²/人	—
卷材屋面	18.5m²/人	—
防水水泥砂浆屋面	16 m²/人	—

2. 施工段

施工段是组织流水施工时将工程在平面上划分为若干个独立施工的区段,其数量称为施工段数,用 m 表示。每个施工段在某个时段里只供一个施工班组施工,完成一个施工过程。

施工段划分,应符合以下几个方面的要求:

1) 施工段划分应和工程对象的平面及结构布置相协调,施工段的分界可利用结构原有的伸缩缝、沉降缝、单元分界处作为界线。

2) 施工段的划分应满足主导工程的施工过程组织流水施工的要求。

3) 施工段划分应考虑工作面要求,若施工段过多,工作面过小,则工作面不能充分利用;若施工段过少,工作面过大,则会引起资源过分集中,导致断流。

4) 各施工段的劳动量应大致相符或成整数倍,以便组织流水施工。

5) 各个施工过程所对应的施工段应尽量一致。

6) 当工程对象需划分施工层时,施工段数的划分应保证使各个专业班组连续施工。每层最少施工段数 m 和施工过程数 n 的关系有 3 种情况,下面通过实例具体说明。

例 2-2　某三层建筑物为现浇钢筋混凝土框架结构,其主体工程由绑扎柱钢筋(A),支模板(B),绑扎梁、板钢筋(C),浇混凝土(D)4 个施工过程组成,在平面上每层分别划分为 3 个施工段、4 个施工段、5 个施工段,假定每一施工过程在每一段的作业时间均为 t,画出流水进度图,如图 2-7 所示。

层数	施工过程	施工进度													
		$1t$	$2t$	$3t$	$4t$	$5t$	$6t$	$7t$	$8t$	$9t$	$10t$	$11t$	$12t$	$13t$	$14t$
一层	A	Ⅰ	Ⅱ	Ⅲ											
	B		Ⅰ	Ⅱ	Ⅲ										
	C			Ⅰ	Ⅱ	Ⅲ									
	D				Ⅰ	Ⅱ	Ⅲ								
二层	A					Ⅰ	Ⅱ	Ⅲ							
	B						Ⅰ	Ⅱ	Ⅲ						
	C							Ⅰ	Ⅱ	Ⅲ					
	D								Ⅰ	Ⅱ	Ⅲ				
三层	A									Ⅰ	Ⅱ	Ⅲ			
	B										Ⅰ	Ⅱ	Ⅲ		
	C											Ⅰ	Ⅱ	Ⅲ	
	D												Ⅰ	Ⅱ	Ⅲ

(a) $m=3$, $n=4$, $m<n$

图 2-7　例 2-2 流水进度

层数	施工过程	施工进度														
		1t	2t	3t	4t	5t	6t	7t	8t	9t	10t	11t	12t	13t	14t	15t
一层	A	I	II	III	IV											
	B		I	II	III	IV										
	C			I	II	III	IV									
	D				I	II	III	IV								
二层	A					I	II	III	IV							
	B						I	II	III	IV						
	C							I	II	III	IV					
	D								I	II	III	IV				
三层	A									I	II	III	IV			
	B										I	II	III	IV		
	C											I	II	III	IV	
	D												I	II	III	IV

（b）m=n=4

层数	施工过程	施工进度																	
		1t	2t	3t	4t	5t	6t	7t	8t	9t	10t	11t	12t	13t	14t	15t	16t	17t	18t
一层	A	I	II	III	IV	V													
	B		I	II	III	IV	V												
	C			I	II	III	IV	V											
	D				I	II	III	IV	V										
二层	A						I	II	III	IV	V								
	B							I	II	III	IV	V							
	C								I	II	III	IV	V						
	D									I	II	III	IV	V					
三层	A										I	II	III	IV	V				
	B											I	II	III	IV	V			
	C												I	II	III	IV	V		
	D													I	II	III	IV	V	

（c）m=5，n=4，m＞n

图 2-7　例 2-2 流水进度（续）

由图 2-7 可知，当 $m=n$ 时，工作队连续施工，施工段上始终有施工班组，工作面能充分利用，比较理想；当 $m<n$ 时，施工班组因不能连续施工而窝工；$m>n$ 时，施工班组连续，工作面有停歇，但有时这是必要的，如利用间歇时间做养护、备料等。因此每一层最少施工段数 m 应满足：$m \geqslant n$。

3. 施工层

施工层是指在施工对象的竖向上划分的操作层，其数量称为施工层数。其目的是满足操作高度和施工工艺的要求。例如，装修工程可以将一个楼层作为一个施工层，砌筑工程可将一步架高作为一个施工层。

2.2.3　时间参数

时间参数是用以表达流水施工在时间上开展状态的参数。时间参数主要有流水节拍、流水步距、间歇时间、平行搭接时间和施工过程流水持续时间及流水施工工期。

1. 流水节拍

流水节拍是指从事某一施工过程的专业班组在某一施工段上工作的持续时间，通常用 t_i 表示。其大小反映施工速度的快慢和施工的节奏性。

（1）流水节拍的确定

1）用定额计算法确定流水节拍。其计算如下：

$$t_i = \frac{Q_i}{S_i R_i N_i} = \frac{P_i}{R_i N_i} = \frac{Q_i H_i}{R_i N_i}$$

式中　　t_i——某施工过程的流水节拍；

Q_i——某施工过程在某施工段上的工作量；

S_i——某施工过程的产量定额；

R_i——某专业班组人数或机械台数；

N_i——某专业班组或机械的工作班次；

P_i——某施工过程在某施工段上的劳动量；

H_i——某施工过程的时间定额。

2）用工期计算法确定流水节拍。对于有工期要求的工程，为了满足工期要求，可用工期计算法确定流水节拍，即根据对施工任务规定的完成日期，采用倒排进度法。方法是首先将一个工程对象划分为几个施工阶段，估计出每个阶段所需要的时间，如某个单位工程可划分为地基与基础阶段、主体阶段及装修阶段，然后将每个施工阶段划分为若干个施工过程，并在平面上划分若干个施工段（竖向划分施工层），再确定每个施工过程在每个施工阶段的作业持续时间，最后确定各施工过程在各施工段（层）上的作业时间，即流水节拍。

（2）确定流水节拍需考虑的因素

确定流水节拍时需考虑的因素如下：

1）有工期要求时，要以满足工期要求为原则。

2）要考虑各种资源供应量情况。

3）节拍值一般取半天的整数倍。

4）机械的台班效率或机械台班产量的大小。

5）工作班制要恰当，充分考虑工期和流水施工工艺的要求。

6）施工班组人数要适宜，既要满足最小劳动组合人数要求，又要满足最小工作面

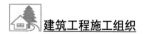

的要求。最小劳动组合是指某一施工过程中进行正常施工所必需的最低限度的班组人数及其合理组合。

2. 流水步距

流水步距是指相邻两个专业工作队（组）相继投入同一施工段开始工作的时间间隔，用 $K_{i,i+1}$ 表示。在施工段不变的情况下，流水步距越大工期越长，流水步距越小工期越短。

流水步距的数目等于（$n-1$）个参加流水施工的施工过程数，确定流水步距要考虑以下几个因素：

1）尽量保证各主要专业队（组）连续施工。

2）保持相邻两个施工过程的先后顺序。

3）使相邻两专业队（组）在时间上最大限度、合理地搭接。

4）流水步距取半天的整数倍。

5）保持施工过程之间足够的技术、组织和层间歇时间。

3. 间歇时间（t_j）

（1）技术间歇时间

由于施工工艺或质量保证的要求，在相邻两个施工过程之间必须留有的时间间隔称为技术间歇时间。例如，钢筋混凝土的养护、屋面找平层干燥等。

（2）组织间歇时间

由于组织技术原因，在相邻两个施工过程之间留有的时间间隔称为组织间歇时间。例如，基础工程的验收、浇混凝土之前检查钢筋和预埋件并做记录、转层准备等。

4. 平行搭接时间

平行搭接时间是指在同一施工段上，不等前一施工过程进行完，后一施工过程提前投入施工，相邻两施工过程同时在同一施工段上的工作时间，用 t_d 表示。平行搭接可使工期缩短，因此要合理采用。其应用条件是一个流水工作面上能同时容纳两个施工过程一起施工。

5. 施工过程流水持续时间

某施工过程的流水持续时间是指该施工过程在工程对象的各施工段上作业时间的总和，用 T_j 表示。一般可用下式计算：

$$T_j = \sum_{i=1}^{m} t_i$$

式中　t_i——某施工过程在某施工段的流水节拍；

m——施工段数；

T_j——某施工过程的流水持续时间。

6. 流水施工工期

流水施工工期是指从第一个施工过程进入施工到最后一个施工过程退出施工所经过的总时间，用 T 来表示。一般可用下式计算：

$$T = \sum_{1}^{n-1} K_{i,i+1} + T_n$$

式中　T_n——最后一个施工过程的流水持续时间；

$\sum_{1}^{n-1} K_{i,i+1}$——流水步距之和。

2.3　流水施工的基本方式

根据流水施工节拍特征的不同，流水施工方式可分为全等节拍流水施工、成倍节拍流水施工、异节拍流水施工和无节奏流水施工、分别流水施工 5 种方式。

2.3.1　全等节拍流水施工

1. 无间歇全等节拍流水施工

无间歇全等节拍流水施工是指同一施工过程在各施工段上的流水节拍都相等，不同施工过程之间的流水节拍也相等，并且各个施工过程之间没有技术和组织间歇时间的一种流水施工方式。

（1）无间歇全等节拍流水步距的确定

无间歇全等节拍流水步距按下式确定：

$$K_{i,\ i+1} = t_i$$

式中　$K_{i,i+1}$——第 i 个施工过程和第 $i+1$ 个施工过程之间的流水步距；

t_i——第 i 个施工过程的流水节拍。

（2）无间歇全等节拍流水施工工期的计算

无间歇全等节拍流水施工工期按下式计算：

$$T = \sum K_{i,i+1} + T_n$$
$$\sum K_{i,i+1} = (n-1)t_i ; \quad T_n = mt_i$$
$$T = (n-1)t_i + mt_i = (m+n-1)t_i$$

式中　T——某工程流水施工工期；

$\sum K_{i,i+1}$ ——所有流水步距之和；

T_n ——最后一个施工过程流水持续时间。

例 2-3 某工程划分为 A、B、C、D 共 4 个施工过程，每一施工过程分为 5 个施工段，流水节拍均为 3d，试组织全等节拍流水施工。

解：1）计算工期：

$$T = (m+n-1)t_i = (5+4-1) \times 3 = 24 \, (\text{d})$$

2）用横道图绘制流水进度计划，如图 2-8 所示。

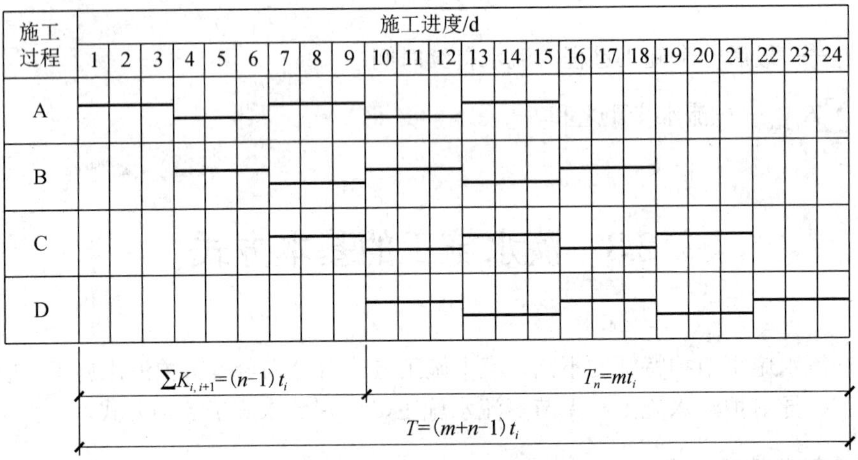

施工过程	施工进度/d																							
	1	2	3	4	5	6	7	8	9	10	11	12	13	14	15	16	17	18	19	20	21	22	23	24
A																								
B																								
C																								
D																								

$\sum K_{i,i+1} = (n-1)t_i$ $T_n = mt_i$

$T = (m+n-1)t_i$

图 2-8 某工程无间歇流水施工进度计划

2. 有间歇全等节拍流水施工

有间歇全等节拍流水施工是指同一施工过程在各施工段上的流水节拍都相等，不同施工过程之间的流水节拍也相等，并且各个过程之间存在技术间歇时间和组织间歇时间的一种流水施工方式。

（1）有间歇全等节拍流水步距的确定

有间歇全等节拍流水步距按下式确定：

$$K_{i,i+1} = t_i + t_j - t_d$$

式中 t_j ——第 i 个施工过程与第 $i+1$ 个施工过程之间的间歇时间；

t_d ——第 i 个施工过程与第 $i+1$ 个施工过程之间的搭接时间。

（2）有间歇全等节拍流水施工工期的计算

有间歇全等节拍流水施工工期按下式计算：

$$T = \sum K_{i,i+1} + T_n$$

$$\sum K_{i,i+1} = (n-1)t_i + \sum t_j - \sum t_d \; ; \quad T_n = mt_i$$

$$T = (m+n-1)t_i + \sum t_j - \sum t_d$$

式中 $\sum t_j$ ——所有间歇时间之和;

$\sum t_d$ ——所有搭接时间之和。

例 2-4 例 2-3 中,若 B、C 两施工过程之间存在 2d 技术间歇,C、D 两施工过程之间存在 1d 搭接,试组织流水施工。

解:1)计算工期:

$$T = (m+n-1)t_i + \sum t_j - \sum t_d = (5+4-1)\times 3 + 2 - 1 = 25(d)$$

2)用横道图绘制流水施工进度计划,如图 2-9 所示。

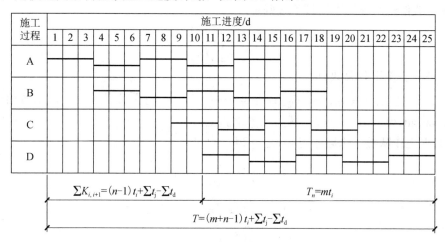

图 2-9 某工程有间歇流水施工进度计划

3. 全等节拍流水施工方式的适用范围

全等节拍流水施工方式是一种比较理想的流水施工方式,但应用条件严格,往往难以满足,比较适用于分部工程流水施工。

2.3.2 成倍节拍流水施工

成倍节拍流水施工是指同一施工过程在各个施工段的流水节拍相等,不同施工过程之间的流水节拍不完全相等,但各施工过程的流水节拍均为其中最小流水节拍的整数倍的一种流水施工方式。

1. 每个施工过程工作队数的确定

每个施工过程工作队数按下式确定:

$$D_i = \frac{t_i}{t_{\min}}$$

式中 D_i ——某施工过程所需施工队数;

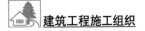

$t_{\min}$——所有流水节拍中最小流水节拍。

2. 成倍节拍流水步距的确定

成倍节拍流水步距按下式确定：

$$K_{i,i+1} = T_{\min}$$

3. 成倍节拍流水施工工期的计算

成倍节拍流水施工工期按下式确定：

$$T = (m + n' - 1)t_{\min}$$

其中

$$n' = \sum D_i$$

式中　n'——施工队总数目。

例 2-5　某工程有 A、B、C、D 共 4 个施工过程，施工段数 $m=6$，流水节拍分别为 $t_A=2d$、$t_B=4d$、$t_C=6d$、$t_D=4d$，试组织流水施工。

1）求工作队数。由题干可知 $t_{\min} = 2d$。

$$D_A = \frac{t_A}{t_{\min}} = \frac{2}{2} = 1 \text{ （个）}$$

$$D_B = \frac{t_B}{t_{\min}} = \frac{4}{2} = 2 \text{ （个）}$$

$$D_C = \frac{t_C}{t_{\min}} = \frac{6}{2} = 3 \text{ （个）}$$

$$D_D = \frac{t_D}{t_{\min}} = \frac{4}{2} = 2 \text{ （个）}$$

$$n' = \sum D_i = 1 + 2 + 3 + 2 = 8 \text{ （个）}$$

2）计算工期：

$$T = (m + n' - 1)t_{\min} = (6 + 8 - 1) \times 2 = 26 \text{（d）}$$

3）用横道图绘制流水施工进度计划，如图 2-10 所示。

4. 成倍节拍流水施工方式的适用范围

成倍节拍流水施工方式比较适用于线型工程（管道、道路等）的施工。

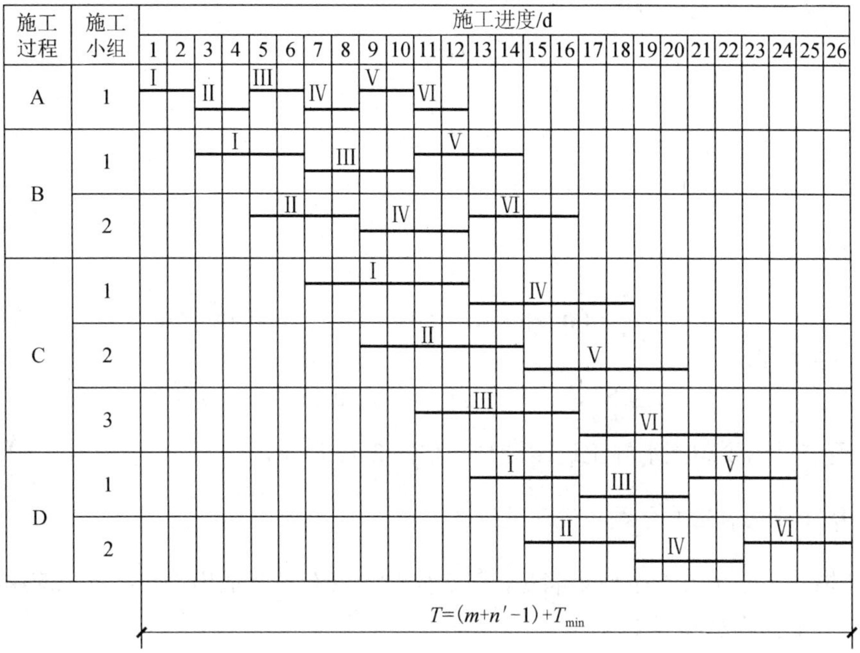

施工过程	施工小组	施工进度/d 1	2	3	4	5	6	7	8	9	10	11	12	13	14	15	16	17	18	19	20	21	22	23	24	25	26
A	1	I		II		III		IV		V		VI															
B	1				I				III				V														
	2						II				IV				VI												
C	1										I					IV											
	2											II						V									
	3													III					VI								
D	1														I				III				V				
	2																II			IV					VI		

$$T=(m+n'-1)+T_{\min}$$

图 2-10　某工程成倍节拍流水施工进度计划

2.3.3　异节拍流水施工

异节拍流水施工是指同一施工过程在各个施工段的流水节拍相等,不同施工过程之间的流水节拍既不完全相等,又不互成倍数的一种流水施工方式。

1. 异节拍流水步距的确定

异节拍流水步距按下式计算:

$$K_{i,i+1} = t_i + t_j - t_d \qquad (t_i \leqslant t_{i+1})$$
$$K_{i,i+1} = mt_i - (m-1)t_{i+1} + t_j - t_d \qquad (t_i > t_{i+1})$$

2. 异节拍流水施工工期的计算

异节拍流水施工工期按下式计算:

$$T = \sum K_{i,i+1} + T_n$$

例 2-6　某砖混结构住宅楼,其基础工程包括挖土方、做垫层、砌基础和回填土 4 个施工过程,分 4 个施工段组织流水施工,各施工过程的流水节拍分别为 $t_{挖}$=2d, $t_{垫}$=1d, $t_{砌}$=3d, $t_{回}$=1d, 试组织流水施工。

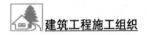

解：1）计算流水步距。

$$t_{挖} > t_{垫}$$

$$t_j = t_d = 0$$

$$K_{挖、垫} = mt_{挖} - (m-1)t_{垫} + t_j - t_d = 4 \times 2 - (4-1) \times 1 + 0 - 0 = 5（d）$$

$$t_{垫} < t_{砌}, \quad t_j = t_d = 0$$

$$K_{垫、砌} = t_{垫} + t_j - t_d = 1（d）$$

$$t_{砌} > t_{回}, \quad t_j = t_d = 0$$

$$K_{砌、回} = mt_{砌} - (m-1)t_{回} + t_j - t_d = 4 \times 3 - (4-1) \times 1 + 0 - 0 = 9（d）$$

2）计算工期：

$$T = \sum K_{i,i+1} + T_n = 5 + 1 + 9 + 4 \times 1 = 19（d）$$

3）用横道图绘制流水施工进度计划，如图 2-11 所示。

3. 异节拍流水施工方式的适用范围

异节拍流水施工方式条件易满足，符合实际，具有很强适用性，广泛地应用在分部工程和单位工程流水施工中。

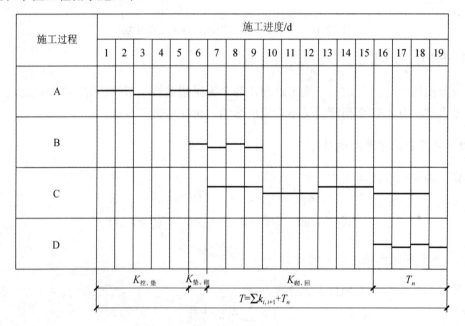

图 2-11 异节拍流水施工进度计划

A—挖土方；B—做垫层；C—砌基础；D—回填土

2.3.4　无节奏流水施工

无节奏流水施工是指同一施工过程在各施工段上的流水节拍不完全相等的一种流水施工方式。

1. 无节奏流水步距的确定

无节奏流水步距的计算采用"累加斜减取大差法"，即

1）将每个施工过程的流水节拍逐段累加。

2）错位相减，即前一个施工过程在某施工段的流水节拍累加值减去后一个施工过程在该施工段的前一个施工段的流水节拍累加值，结果为一组差值。

3）取这组差值的最大值作为流水步距。

2. 无节奏流水施工工期的计算

无节奏流水施工工期按下式计算：

$$T = \sum K_{i,i+1} + T_n$$

例 2-7　某工程流水节拍如表 2-2 所示，试组织流水施工。

表 2-2　某工程流水节拍值

施工过程＼施工段	I	II	III	IV
A	2	3	1	4
B	2	2	3	3
C	3	1	2	3
D	2	3	2	1

解：　1）流水节拍累加值如表 2-3 所示。

表 2-3　流水节拍累加值

施工过程＼施工段	I	II	III	IV
A	2	5	6	10
B	2	4	7	10
C	3	4	6	9
D	2	5	7	8

2）错位相减，步骤如下：

$$
\begin{array}{rrrrr}
2 & 5 & 6 & 10 & \\
- & 2 & 4 & 7 & 10 \\
\hline
2 & 3 & 2 & 3 & -10
\end{array}
$$

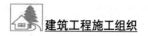

可得 $K_{A, B}=3$（d）

$$
\begin{array}{r}
2\ 4\ 7\ 10\ \ \ \ \\
-\ \ \ \ 3\ 4\ 6\ 9\ \\
\hline
2\ 1\ 3\ 4\ -9
\end{array}
$$

可得 $K_{B, C}=4$（d）

$$
\begin{array}{r}
3\ 4\ 6\ 9\ \ \ \ \\
-\ \ \ 2\ 5\ 7\ 8\ \\
\hline
3\ 2\ 1\ 2\ -8
\end{array}
$$

可得 $K_{C, D}=3$（d）

3）工期计算：

$$
T = \sum K_{i, i+1} + T_n = 3+4+3+2+3+2+1 = 18\ （\text{d}）
$$

4）用横道图绘制流水施工进度计划，如图 2-12 所示。

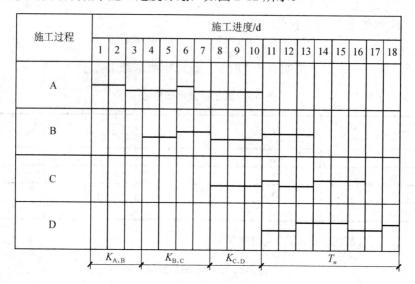

图 2-12　某工程无节奏流水施工进度计划

3. 无节奏流水施工方式的适用范围

无节奏流水施工在进度安排上比较灵活、自由，适用于各种不同结构性质和规模的工程施工组织。

2.3.5　分别流水施工

分别流水施工是指先将一个工程划分为若干个子工程（单位工程、分部工程或分项工程），再把若干个子工程按独立工程先在内部组织流水，最后把每个子工程作为一个施工过程，按施工顺序进行搭接或间歇而组合成一个总的流水施工的组织方式。

2.4　流水施工应用实例

某五层四单元砖混结构（有构造柱）住宅楼，建筑面积为 4687.6m²，基础为钢筋混凝土条形基础，主体工程为砖混结构，楼板为现浇钢筋混凝土；装饰工程为铝合金窗、夹板门，外墙为浅色面砖贴面，内墙、顶棚为中级抹灰，外加 106 涂料，地面为普通抹灰；屋面工程为现浇钢筋混凝土屋面板，屋面保温层为在炉渣混凝土上做三毡四油防水层，铺直径 3mm 左右的碎石；设备安装及水、暖、电工程配合土建施工。具体劳动量如表 2-4 所示。

表 2-4　某五层单元砖混结构房屋劳动量表

序号	分项名称	劳动量/工日
	基础工程	
1	基础挖土	384
2	混凝土垫层	161
3	基础绑扎钢筋（含侧模安装）	152
4	浇筑基础混凝土（含墙基）	316
5	回填土	150
	主体工程	
6	搭拆脚手架	
7	绑扎构造柱钢筋	88
8	砌砖墙	1380
9	安装构造柱模板	98
10	浇筑构造柱混凝土	360
11	安装梁板模板（含梯）	708
12	绑扎梁板钢筋（含梯）	450
13	浇筑梁板混凝土（含梯）	978
14	拆除梁板模板（含梯）	146
	屋面工程	
15	屋面板找平层	47
16	屋面隔汽层	23
17	屋面保温层	80
18	屋面找平层	54
19	卷材防水层（含保护层）	68
	装修工程	
20	楼地面及楼梯抹灰（含垫层）	392
21	顶棚中级抹灰	466

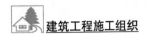

续表

序号	分项名称	劳动量/工日
22	内墙面中级抹灰	1164
23	铝合金窗扇、夹板门	158
24	室内涂料	59
25	油漆	26
26	外墙面砖	657
27	台阶散水	35
28	水电安装及其他	

本工程由基础、主体、屋面、装修 4 个分部工程组成，因其各分部工程劳动量差异较大，应采用分别流水施工方式，先组织各分部工程的流水施工，再考虑各分部工程之间的搭接。

2.4.1 基础工程

基础工程包括基础挖土、混凝土垫层、基础绑扎钢筋（含侧模安装）、浇筑基础混凝土、浇筑混凝土基础墙基和回填土 6 个施工过程。

考虑浇筑基础混凝土与浇筑混凝土基础墙基是同一工种，班组施工可合并成一个施工过程。

由于该建筑占地面积 $940m^2$ 左右，考虑工作面的因素，将其划分为两个施工段，流水节拍计算如下：

1）基础挖土的劳动量为 384 工日，施工班组人数为 20 人，采用二班制，其流水节拍计算为

$$t_{挖} = \frac{384}{20 \times 2 \times 2} = 4.8（d） \qquad 取5d$$

2）混凝土垫层的劳动量为 161 工日，施工班组人数为 20 人，采用一班制，垫层需养护 1d，其流水节拍计算为

$$t_{垫} = \frac{161}{20 \times 2} \approx 4（d）$$

3）基础绑扎钢筋（含侧模安装）的劳动量为 152 工日，采用一班制，施工班组人数为 20 人，其流水节拍计算为

$$t_{扎} = \frac{152}{20 \times 2} = 3.8（d） \qquad 取4d$$

4）浇筑基础混凝土（含墙基）的劳动量为 316 工日，施工班组人数为 20 人，采用二班制，其完成后需养护 1d，其流水节拍计算为

$$t_{混} = \frac{316}{20 \times 2 \times 2} \approx 3.9（d） \qquad 取4d$$

5）回填土的劳动量为 150 工日，施工班组人数为 20 人，采用一班制，其流水节拍

计算为

$$t_{回}=\frac{150}{20\times2}\approx3.8（d）\qquad 取4d$$

根据异节拍流水步距的公式计算流水步距如下：

1）$K_{挖、垫}$ 的计算为

$$t_{挖}=5d，t_{垫}=4d，t_j=t_d=0，t_{挖}>t_{垫}$$

$$K_{挖、垫}=mt_{挖}-(m-1)t_{垫}+t_j-t_d=2\times5-(2-1)\times4+0+0=6（d）$$

2）$K_{垫、扎}$ 的计算为

$$t_{垫}=4d，t_{扎}=4d，t_j=1d，t_d=0，t_{垫}=t_{扎}$$

$$K_{垫、扎}=t_{垫}+t_j-t_d=4+1-0=5（d）$$

3）$K_{扎、混}$ 的计算为

$$t_{扎}=4d，t_{混}=4d，t_j=t_d=0，t_{垫}=t_{扎}$$

$$K_{扎、混}=t_{扎}+t_j-t_d=4+0-0=4（d）$$

4）$K_{混、回}$ 的计算为

$$t_{混}=4d，t_{回}=4d，t_j=1d，t_d=0，t_{垫}=t_{扎}$$

$$K_{混、回}=t_{混}+t_j-t_d=4+1-0=5（d）$$

回填土流水持续时间：

$$T_{回}=mt_{回}=2\times4=8（d）$$

工期计算为

$$T_{基}=K_{挖、垫}+K_{垫、扎}+K_{扎、混}+K_{混、回}+T_{回}$$
$$=6+5+4+5+8$$
$$=28（d）$$

2.4.2　主体工程

主体工程包括搭拆脚手架、绑扎构造柱钢筋、砌砖墙、安装构造柱模板、浇筑构造柱混凝土、安装梁板模板（含梯）、绑扎梁板钢筋（含梯）、浇筑梁板混凝土（含梯）、拆除梁板模板（含梯）等分项工程。主体工程有层间关系，$m=2$，$n=9$，$m<n$，工作班组会出现窝工现象。由于砌砖墙为主导过程，因此必须安排砌墙的施工班组连续施工，其余施工过程的施工班组与工地统一安排。主体工程只能组织间断式异节拍流水施工。流水节拍和流水施工工期计算如下：

1）绑扎构造柱钢筋的劳动量为 88 工日，施工班组人数为 9 人，施工段数 $m=2\times5$，采用一班制，其流水节拍计算为

$$t_{构筋}=\frac{88}{9\times2\times5}\approx0.98（d）\qquad 取1d$$

2）砌砖墙的劳动量为 1380 工日，施工班组人数为 20 人，施工段数 $m=2\times5$，采用

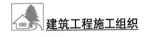

一班制，其流水节拍计算为

$$t_{砌} = \frac{1380}{20 \times 2 \times 5} = 6.9（d） \qquad 取7d$$

3）安装构造柱模板的劳动量为98工日，施工班组人数为10人，施工段数 $m=2 \times 5$，采用一班制，其流水节拍计算为

$$t_{构模} = \frac{98}{10 \times 2 \times 5} = 0.98（d） \qquad 取1d$$

4）浇筑构造柱混凝土的劳动量为360工日，施工班组人数为20人，施工段 $m=2 \times 5$，采用二班制，其流水节拍计算为

$$t_{构混} = \frac{360}{20 \times 2 \times 5 \times 2} = 0.9（d） \qquad 取1d$$

5）安装梁板模板（含梯）的劳动量为708工日，施工班组人数为25人，施工段 $m=2 \times 5$，采用一班制，其流水节拍计算为

$$t_{板模} = \frac{708}{25 \times 2 \times 5} \approx 2.83（d） \qquad 取3d$$

6）绑扎梁板钢筋（含梯）的劳动量为450工日，施工班组人数为23人，施工段 $m=2 \times 5$，采用一班制，其流水节拍计算为

$$t_{板筋} = \frac{450}{23 \times 2 \times 5} \approx 1.96（d） \qquad 取2d$$

7）浇筑梁板混凝土（含梯）的劳动量为978工日，施工班组人数为25人，施工段 $m=2 \times 5$，采用二班制，其流水节拍计算为

$$t_{板混} = \frac{978}{25 \times 2 \times 5 \times 2} = 1.96（d） \qquad 取2d$$

8）拆除梁板模板（含梯）的劳动量为146工日，施工班组人数为15人，施工段数 $m=2 \times 5$，采用一班制，其流水节拍计算为

$$t_{拆} = \frac{146}{15 \times 2 \times 5} \approx 0.97（d） \qquad 取1d$$

模板拆除待梁板混凝土浇筑12d后进行。因除砌砖墙为连续施工外，其余过程均为间断式流水施工，故工期计算如下：

$$T_{主} = t_{构筋} + 10 \times t_{砌} + t_{构模} + t_{构混} + t_{板模} + t_{板筋} + t_{板混} + t_{养间} + t_{拆}$$

$$= 1 + 10 \times 7 + 1 + 1 + 3 + 2 + 2 + 12 + 1$$

$$= 93（d）$$

2.4.3 屋面工程

屋面工程包括屋面板找平层、屋面隔汽层、屋面保温层、屋面找平层、卷材防水层（含保护层）等，考虑防水要求较高，采用不分段施工。

1）屋面板找平层的劳动量为 47 工日，施工班组人数为 8 人，采用一班制，其流水节拍为

$$t_{找平} = \frac{47}{8} \approx 6（d）$$

2）屋面隔汽层的劳动量为 23 工日，施工班组人数为 6 人，采用一班制，其流水节拍为

$$t_{隔} = \frac{23}{6} \approx 4（d）$$

隔汽层应在找平层干燥 10d 后进行施工。

3）屋面保温层的劳动量为 80 工日，施工班组人数为 20 人，采用一班制，其流水节拍为

$$t_{保} = \frac{80}{20} = 4（d）\qquad 取7d$$

4）屋面找平层的劳动量为 54 工日，施工班组人数为 12 人，采用一班制，其流水节拍为

$$t_{找} = \frac{54}{12} = 4.5（d）\qquad 取5d$$

5）卷材防水层的劳动量为 68 工日，施工班组人数为 10 人，采用一班制，其流水节拍为

$$t_{防} = \frac{68}{10} = 6.8（d）\qquad 取7d$$

防水层应在找平层干燥 15d 后进行。

屋面工程工期计算为

$$\begin{aligned}
T_{屋} &= t_{找平} + t_{隔间} + t_{隔} + t_{保} + t_{找} + t_{防间} + t_{防} \\
&= 6 + 10 + 4 + 4 + 5 + 15 + 7 \\
&= 51（d）
\end{aligned}$$

2.4.4 装修工程

装修工程分为楼地面、楼梯地面、顶棚、内墙抹灰、外墙面砖、铝合金窗、夹板门、油漆、室内喷白、台阶散水等。

装修阶段施工过程多，劳动量不同，组织固定节拍很困难，故采用连续式异节拍流水施工，每一层划分为一个施工段，共 5 段。

1）楼地面及楼梯抹灰（含垫层）的劳动量为 392 工日，施工班组人数为 20 人，采用一班制，$m=5$，其流水节拍为

$$t_{楼地抹} = \frac{392}{20 \times 5} = 3.92（d）\qquad 取4d$$

2）顶棚中级抹灰的劳动量为 466 工日，施工班组人数为 25 人，采用一班制，$m=5$，其流水节拍为

$$t_{棚抹} = \frac{466}{25 \times 5} \approx 3.73（d） \qquad 取4d$$

顶棚抹灰应在楼地面抹灰完成 4d 后进行。

3）内墙中级抹灰的劳动量为 1164 工日，施工班组人数为 30 人，采用一班制，$m=5$，其流水节拍为

$$t_{墙抹} = \frac{1164}{30 \times 5} = 7.76（d） \qquad 取8d$$

4）铝合金窗扇、夹板门的劳动量为 158 工日，施工班组人数为 8 人，采用一班制，$m=5$，其流水节拍为

$$t_{窗门} = \frac{158}{8 \times 5} = 3.95（d） \qquad 取4d$$

5）室内涂料的劳动量为 59 工日，施工班组人数为 6 人，采用一班制，$m=5$，其流水节拍为

$$t_{涂} = \frac{59}{6 \times 5} \approx 1.97（d） \qquad 取2d$$

6）油漆的劳动量为 26 工日，施工班组人数为 3 人，采用一班制，$m=5$，其流水节拍为

$$t_{油} = \frac{26}{3 \times 5} \approx 1.73（d） \qquad 取2d$$

7）外墙面砖的劳动量为 657 工日，施工班组为 22 人，采用一班制，$m=5$，其流水节拍为

$$t_{外墙} = \frac{657}{22 \times 5} \approx 5.97（d） \qquad 取6d$$

外墙装修可与室内装饰平行进行，考虑施工人员的状况，可在室内地面完成后开始外墙装修。

8）台阶散水的劳动量为 35 工日，施工班组人数为 6 人，采用一班制，$m=5$，其流水节拍为

$$t_{台} = \frac{35}{6 \times 5} \approx 1.17（d） \qquad 取2d$$

台阶散水与室内油漆同步进行。

根据异节拍流水步距的公式计算流水步距如下：

1）$K_{地、棚}$的计算为

$$t_{楼地抹}=4d，\ t_{棚抹}=4d，\ t_j=4d，\ t_d=0，\ t_{楼地抹}=t_{棚抹}$$

$$K_{地、棚}=t_{楼地抹}+t_j-t_d=4+4-0=8（d）$$

2）$K_{棚、内墙}$ 的计算为

$$t_{棚抹}=4d, \quad t_{墙抹}=8d, \quad t_j=t_d=0, \quad t_{棚抹}<t_{墙抹}$$

$$K_{棚、内墙}=t_{棚抹}+t_j-t_d=4+0-0=4（d）$$

3）$K_{内墙、窗}$ 的计算为

$$t_{墙抹}=8d, \quad t_{窗门}=4d, \quad t_j=t_d=0, \quad t_{墙抹}>t_{窗门}$$

$$K_{内墙、窗}=mt_{墙抹}-(m-1)t_{窗门}+t_j-t_d=5\times8-(5-1)\times4+0+0=24（d）$$

4）$K_{窗、涂}$ 的计算为

$$t_{窗门}=4d, \quad t_{涂}=2d, \quad t_j=t_d=0, \quad t_{窗}>t_{涂}$$

$$K_{窗、涂}=mt_{窗门}-(m-1)t_{涂}+t_j-t_d=5\times4-(5-1)\times2+0+0=12（d）$$

5）$K_{涂、油}$ 的计算为

$$t_{涂}=2d, \quad t_{油}=2d, \quad t_j=t_d=0, \quad t_{涂}=t_{油}$$

$$K_{涂、油}=t_{涂}+t_j-t_d=2+0-0=2（d）$$

油漆流水持续时间为

$$T_{油}=m\,t_{油}=5\times2=10（d）$$

装修工程工期为

$$T_{装}=K_{地、棚}+K_{棚、内墙}+K_{内墙、窗}+K_{窗、涂}+K_{涂、油}+T_{油}$$
$$=8+4+24+12+2+10$$
$$=60（d）$$

2.4.5　总工期计算

总工期计算如下：

1）在基础工程第一段回填土结束后，主体工程绑扎构造柱钢筋即开始，基础工程与主体工程搭接时间为 4d。

2）在主体工程梁板混凝土浇筑完成后，装修工程即开始，主体工程与装修工程搭接时间为 13d。

3）装修工程与屋面工程平行施工，屋面工程在主体工程梁板混凝土浇筑完成后第 8 天开始施工。

该工程总工期为

$$T=T_{基}+T_{主}+T_{装}-t_{基、主}-t_{主、装}$$
$$=28+93+60-4-13$$
$$=164（d）$$

2.4.6　流水施工进度计划

该五层四单元砖混结构住宅楼流水施工进度计划如图 2-13 所示。

施工进度/d

序号	施工过程	劳动量 工日数	人数	层 制	天数	5	10	15	20	25	30	35	40	45	50	55	60	65	70	75	80	85	90	95	100	105	110	115	120	125	130	135	140	145	150	155	160	165	170
	基础工程																																						
1	基础挖土	384	20	2	10																																		
2	混凝土垫层	161	20	1	8																																		
3	基础砌筑、钢筋 (含钢筋绑扎)	152	20	1	8																																		
4	现浇基础混凝土 挖土(含槽底)	316	20	2	8																																		
5	回填土	150	20	1	8																																		
	主体工程																																						
6	搭外脚手架	88	9	1	10																																		
7	砖石构造柱钢筋	1380	20	1	70																																		
8	砖砌墙	98	10	1	10																																		
9	安装构造柱模板	360	20	2	10																																		
10	浇筑构造柱混凝土	708	25	1	30																																		
11	安装圈梁板模板 (含楼梯)	450	25	1	20																																		
12	绑扎圈梁板钢筋 (含楼梯)	978	25	2	20																																		
13	浇筑圈梁板混凝土 (含楼梯)	146	15	1	10																																		
14	拆除圈梁板模板 (含楼梯)																																						
	屋面工程																																						
15	屋面板找平层	47	8	1	6																																		
16	屋面隔汽层	23	6	1	4																																		
17	屋面保温层	80	20	1	4																																		
18	屋面找平层	54	12	1	5																																		
19	卷材防水层	68	10	1	7																																		
20	楼地面及楼梯抹灰 架(含地坪)	392	20	1	20																																		
21	顶棚中级抹灰	466	25	1	20																																		
22	内墙面中级抹灰	1164	30	1	40																																		
23	铝合金窗框、夹 板门	158	8	1	20																																		
24	室内涂料	59	8	1	10																																		
25	油漆	26	3	1	10																																		
26	外墙面砖	657	22	1	30																																		
27	台阶散水	35	6	1	6																																		
28	水电安装及其他																																						

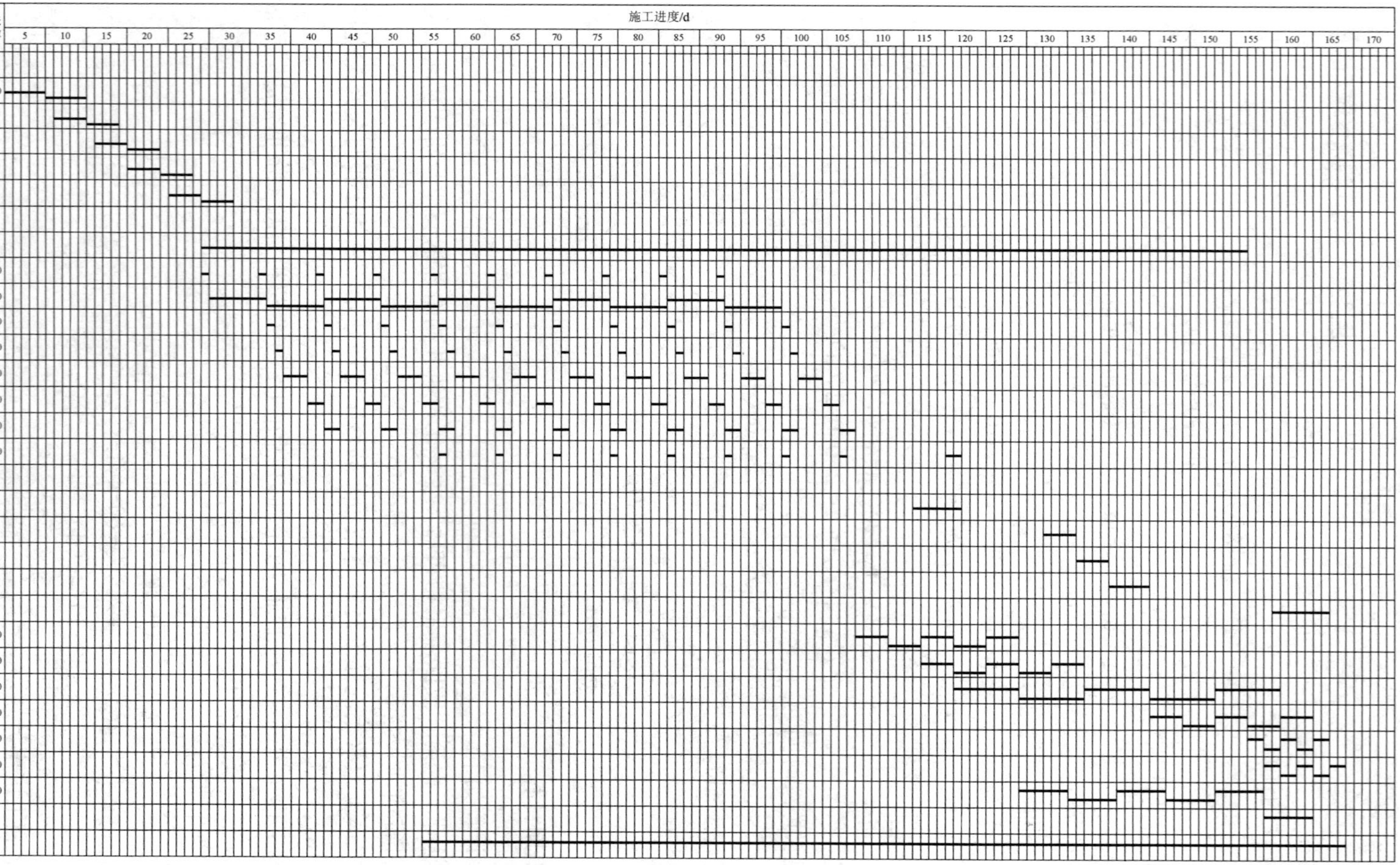

图 2-13 该五层四单元砖混结构住宅楼流水施工进度计划

思考与练习

一、思考题

1. 组织施工有哪几种方式？各有何特点？

2. 什么是流水施工？为什么要采用流水施工？

3. 流水施工的经济效果体现在哪些方面？

4. 流水施工有哪些主要参数？

5. 划分施工段的基本原则是什么？

6. 什么是流水节拍？确定流水节拍时应考虑哪些因素？

7. 什么是流水步距？确定流水步距时应考虑哪些因素？

8. 流水施工进度计划的表达形式有哪些？

9. 全等节拍流水施工具有什么特征？怎样组织全等节拍流水施工？

10. 异节拍流水施工具有什么特征？怎样组织异节拍流水施工？

11. 无节奏流水施工具有什么特征？怎样组织无节奏流水施工？

二、练习题

1. 某工程有 A、B、C 共 3 个施工过程，每个施工过程均划分为 4 个施工段。设 t_A=3d，t_B=5d，t_C=4d。试计算工期，并绘制施工进度计划。

2. 某项目由 4 个施工过程组成，划分为 4 个施工段。每段流水节拍均为 3d，且知第二个施工过程须待第一个施工过程完工 2d 后才能开始进行，又知第三个施工过程可与第二个施工过程搭接 1d。试计算工期并绘制施工进度计划。

3. 某分部工程，已知施工过程 n=4，施工段数 m=4，每段流水节拍分别为 t_1=2d，t_2=6d，t_3=8d，t_4=4d，试组织成倍节拍流水施工，并绘制施工进度计划。

4. 某分部工程，已知施工过程 n=4，施工段数 m=5，每段流水节拍分别为 t_1=2d，t_2=5d，t_3=3d，t_4=4d，试计算工期，并绘制流水施工进度表。

5. 某二层现浇钢筋混凝土工程，施工过程分别为支模板、扎钢筋、浇混凝土，每层每段的流水节拍分别为 $t_支$=4d，$t_扎$=4d，$t_浇$=2d，施工层间技术间歇为 2d，为使工作队连续施工，求每层最少的施工段数，计算工期并绘制流水施工进度计划。

6. 已知各施工过程在各施工段上的作业时间如表 2-5 所示，试组织流水施工。

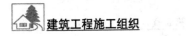

表 2-5　各施工过程在各施工段上的作业时间

（单位：d）

施工段 ＼ 施工过程	1	2	3	4
I	5	4	2	3
II	3	4	5	3
III	4	5	3	2
IV	3	5	4	3

第3章
网络计划技术

本章主要介绍网络计划技术的相关内容，包括网络计划技术的基本原理，网络计划的优点，双代号网络计划的表示方法、网络图的绘制、时间参数的计算，双代号时标网络计划的绘制方法、时间参数的确定，单代号网络计划的表示方法、绘制、时间参数的计算，以及网络计划的优化等；重点为单代号网络计划、双代号网络计划、双代号时标网络图的绘制和参数的计算方法。通过本章的学习，应能够应用网络计划为一般工程编制流水施工组织方案，并对网络计划进行优化、调整和控制。

3.1 网络计划技术概述

网络计划技术是利用网络计划进行生产组织与管理的一种方法。20 世纪 50 年代中期，网络计划技术出现于美国，目前广泛应用在工业、农业、国防等各个领域，它具有模型直观、重点突出，有利于计划的控制、调整、优化和便于采用计算机处理的特点。这种方法主要用于进行规划、计划和实施控制，是建筑业公认的目前先进的计划管理方法之一。

我国建筑企业从 20 世纪 60 年代开始应用这种方法来安排施工进度计划，在提高企业管理水平、缩短工期、提高劳动生产率和降低成本等方面取得了显著效果。

为了使网络计划在管理中遵循统一的标准，做到要领一致、计算原理和表达方式统一，保证计划管理的科学性，中华人民共和国住房和城乡建设部规定于 2015 年 11 月 1 日起施行新的工程网络计划标准——《工程网络计划技术规程》（JGJ/T 121—2015）。

3.1.1 网络计划技术的基本原理

网络计划技术即用网络图的形式来反映和表达计划的安排的计划管理技术。网络图是一种表示整个计划（施工计划）中各项工作实施的先后顺序和所需时间，并表示工作流程的有向、有序的网状图形。它由工作、节点和线路 3 个基本要素组成。

工作是根据计划任务按需要的粗细程度划分而成的一个消耗时间与资源的子项目或子任务。工作可以是一道工序、一个施工过程、一个施工段、一个分项工程或一个单位工程。

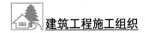

节点是网络图中用封闭图形或圆圈表示的箭线之间的连接点。按节点在网络图中位置的不同，可分为以下几种：①起始节点，指第一个节点，表示一项工作的开始；②终止节点，指最后一个节点，表示一项工作的完成；③中间节点，指除起始节点和终止节点外的所有节点，具有承上启下的作用。

线路是网络图中从起始节点沿箭线方向顺序通过一系列箭线与节点，最终到达终止节点的若干条通道。

根据画图符号和表达方式不同，网络图可分为单代号网络图、双代号网络图、流水网络图和时标网络图等。

1. 单代号网络图

以一个节点代表一项工作，然后按照某种工艺或组织要求，将各节点用箭线连接而成的网状图形称为单代号网络图。其表现形式如图 3-1 所示。

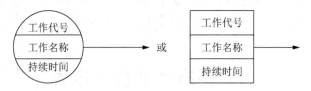

图 3-1　单代号网络图的表现形式

2. 双代号网络图

用两个节点和一根箭线代表一道工作，然后按照某种工艺或组织的要求连接而成的网状图形称为双代号网络图。其表现形式如图 3-2 所示。

图 3-2　双代号网络图的表现形式

3. 流水网络图

吸取横道图的基本优点，运用流水施工原理和网络计划技术而形成的一种新的网络图即为流水网络图。其表现形式如图 3-3 所示。

4. 时标网络图

时标网络图是在横道图的基础上引进网络图工作之间的逻辑关系并以时间为坐标而形成的一种网状图形。它既克服了横道图不能显示各工序之间逻辑关系的缺点，又解决了一般网络图的时间表示不直观的问题，如图 3-4 所示。

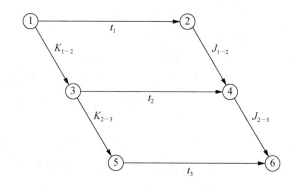

图 3-3　流水网络图的表现形式

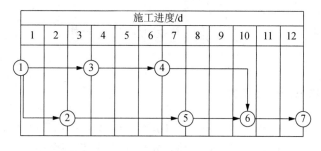

图 3-4　时标网络图的表现形式

在建筑工程计划管理中，网络计划技术的基本原理可归纳如下：

1）把一项工作计划分解为若干个分项工作，并按其开展顺序和相互逻辑关系绘制出网络图。

2）通过对网络图时间参数的计算，找出计划中决定工期的关键工作和关键线路。

3）按照一定的优化目标，利用最优化原理，改进初始方案，寻求最优网络计划方案。

4）在网络计划执行过程中，通过检查、控制、调整，确保计划目标的实现。

3.1.2　网络计划技术的优点

长期以来，建筑企业常用横道图编制施工进度计划，它具有编制简单、直观易懂和使用方便等优点，但其中各项施工活动之间的内在联系和相互依赖的关系不明确，关键线路和关键工作无法表达，不便于调整和优化。随着管理科学的发展，以及计算机在建筑施工中的广泛应用，网络计划技术得到了进一步普及和发展。其主要优点如下：

1）网络图把施工过程中的各相关工作组成了一个有机整体，能全面而明确地表达出各项工作开展的先后顺序和它们之间相互制约、相互依赖的关系。

2）能进行各种时间参数的计算，通过对网络图时间参数的计算，可以对网络计划进行调整和优化，更好地调配人力、物力和财力，达到降低材料消耗和工程成本的目的。

3）可以反映出整个工程和任务的全貌，明确对全局有影响的关键工作和关键线路，

便于管理者抓住主要矛盾，确保工程按计划工期完成。

4）能够从许多可行方案中选出最优方案。

5）在计划实施中，某一工作由于某种原因推迟或提前时，可以预见它对整个计划的影响程度，并能根据变化的情况迅速进行调整，保证计划始终受到控制和监督。

6）能利用计算机绘制和调整网络图，并能从网络计划中获得更多的信息，这是横道图法所不能达到的。

网络计划技术可以为施工管理者提供许多信息，有利于加强施工管理，它既是一种编制计划的技术方法，又是一种科学的管理方法，有助于管理人员全面了解、重点掌握、灵活安排、合理组织、多快好省地完成计划任务，不断提高管理水平。

3.2 双代号网络计划

3.2.1 双代号网络计划的表示方法

双代号网络计划是以双代号网络图表示的网络计划。双代号网络图由若干表示工作或工序（或施工过程）的箭线和节点组成，每一个工作或工序（或施工过程）都用一根箭线和两个节点表示。双代号网络图如图 3-5 和图 3-6 所示。

图 3-5 双代号网络图（一）

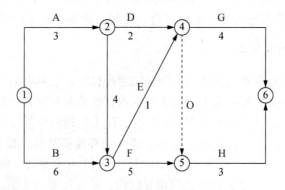

图 3-6 双代号网络图（二）

双代号网络图由箭线、节点、线路 3 个要素组成，其含义和特点介绍如下：

1. 箭线

1）在双代号网络图中，一根箭线表示一项工作（或工序、施工过程、活动等），如支模板、绑扎钢筋等。

2）每一项工作都要消耗一定的时间和资源。只要消耗一定时间的施工过程都可以作为一项工作。各施工过程用实箭线表示。

3）在双代号网络图中，为了正确表达施工过程的逻辑关系，有时必须使用一种虚箭线，如图 3-6 中的④------▶⑤。这种虚箭线表示的工作没有工作名称，不占用时间，不消耗资源，只解决工作之间的连接问题，称为虚工作。虚工作在双代号网络计划中起施工过程之间逻辑连接或逻辑间断的作用。

4）箭线的长短不按比例绘制，即其长短不表示工作持续时间的长短。箭线的方向在原则上是任意的，但为了使图形整齐、直观，一般应画成水平直线或垂直折线。

5）双代号网络图中，就某一工作而言，紧靠其前面的工作称为紧前工作，紧靠其后面的工作称为紧后工作，该工作本身称为本工作，与之平行的工作称为平行工作。本工作之前的所有工作称为先行工作，本工作之后的所有工作称为后继工作，如图 3-7 所示。

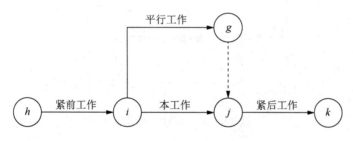

图 3-7　工作间关系的表示

2. 节点

1）在双代号网络图中，节点表示前道工作的结束和后道工作的开始。任何一个中间节点既是其紧前工作的终止节点，又是其紧后工作的起始节点，如图 3-8 所示。

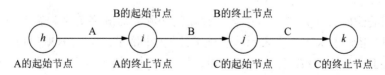

图 3-8　节点示意图

2）节点只是一个"瞬间"，它既不消耗时间，也不消耗资源。

3）网络图中的每个节点都要编号。编号方法是从起始节点开始，从小到大，自左向右，从上到下，用阿拉伯数字表示。编号原则是每一个箭尾节点的号码 i 必须小于箭

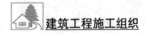

头节点的号码 j ，可编号连续，也可编号不连续，但所有节点的编号不能重复。

3. 线路

某工程双代号网络图如图 3-9 所示。图 3-9 中从起始①至终止⑥共有 3 条线路。其中时间之和最大者的一条线路称为关键线路，又称主要矛盾线，如图 3-9 中的第 3 条线路，工期为 15d。关键线路用粗箭线或双箭线标出，以区别于其他非关键线路，在一项计划中有时会出现几条关键线路。关键线路在一定条件下会发生变化，关键线路可能会转变成非关键线路，而非关键线路也可能转化为关键线路。

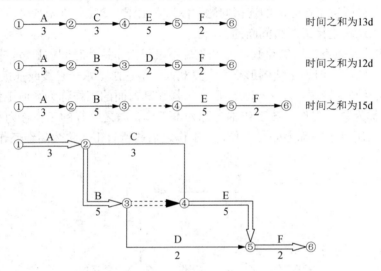

图 3-9 某工程双代号网络图

3.2.2 双代号网络图的绘制

网络计划必须通过网络图来反映，网络图的绘制是网络计划技术的基础。要正确绘制网络图，就必须正确地反映网络图的逻辑关系，遵守绘图的基本规则。

1. 网络图的各种逻辑关系及其正确的表示方法

网络图的逻辑关系是指工作中客观存在的一种先后顺序关系和施工组织要求的相互制约、相互依赖的关系。在表示建筑施工计划的网络图中，这种顺序可分为两大类：一类反映施工工艺的关系，称为工艺逻辑；另一类反映施工组织上的关系，称为组织逻辑。工艺逻辑是由施工工艺所决定的各个施工过程之间客观存在的先后顺序关系，其顺序一般是固定的，有些施工过程的顺序是绝对不能颠倒的。组织逻辑是在施工组织安排中，综合考虑各种因素，在各施工过程之间主观安排的先后顺序关系。这种关系不受施工工艺的限制，不由工程性质决定，在保证施工质量、安全和工期等前提下，可以人为安排。

在网络图中，各工作之间的逻辑关系是变化较多的，表 3-1 中所列的是双代号网络图与单代号网络图中常见的逻辑关系及其表示方法，工作名称均以字母来表示。

表 3-1　双、单代号网络图中常见的逻辑关系及其表示方法

序号	双代号表示法	工序之间的逻辑关系	单代号表示法
1		A 完成后同时进行 B 和 C	
2		A、B 均完成后进行 C	
3		A、B 均完成后同时进行 C 和 D	
4		A 完成后进行 C，A、B 均完成后进行 D	
5		A、B 均完成后进行 D，A、B、C 均完成后进行 E	
6		A、B 均完成后进行 C，B、D 均完成后进行 E	
7		A、B、C 均完成后进行 D；B、C 均完成后进行 E	
8		A 完成后进行 C；A、B 均完成后进行 D，B 完成后进行 E	
9		A、B 两道工序分 3 个施工段施工，A_1 完成后进行 A_2、B_1；A_2 完成后进行 A_3；A_2、B_1 均完成后进行 B_2，A_3、B_2 均完成后进行 B_3	

2. 双代号网络图的绘制规则

1）网络图必须正确表示各工作之间的逻辑关系。

2）一张网络图只允许有一个起始节点和一个终止节点，如图 3-10 所示。

3）同一计划网络图中不允许出现编号相同的箭线，如图 3-11 所示。

4）网络图中不允许出现闭合回路。如图 3-12（a）中从某节点开始经过其他节点，又回到原节点是错误的，正确画法如图 3-12（b）所示。

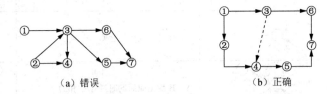

图 3-10　节点绘制规则示意图

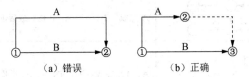

图 3-11　箭线绘制规则示意图

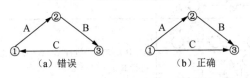

图 3-12　线路绘制规则示意图

5）网络图中严禁出现双向箭头和无箭头箭线，如图 3-13 所示。

图 3-13　箭头绘制规则示意图

6）严禁在网络图中出现没有箭尾节点或没有箭头节点的箭线，如图 3-14 所示。

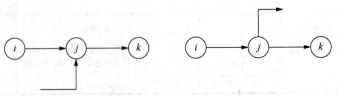

图 3-14　没有箭尾或没有箭头节点的箭线

7）当网络图中不可避免地出现箭线交叉时，应采用过桥法或断线法来表示，如图 3-15 所示。

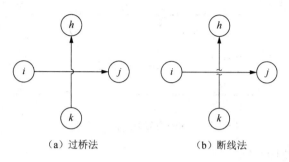

（a）过桥法　　　　　　　　（b）断线法

图 3-15　箭线交叉的表示方法

8）当网络图的起始节点有多条外向箭线或终止节点有多条内向箭线时，为使图形简洁，可用母线法表示，如图 3-16 所示。

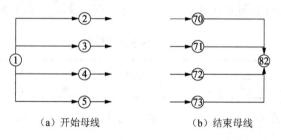

（a）开始母线　　　　　　　　（b）结束母线

图 3-16　母线法

3. 双代号网络图绘制方法和步骤

（1）绘制方法

为使双代号网络图简洁、美观，宜用水平箭线和垂直箭线表示，在绘制之前，先确定出各个节点的位置号，再按节点位置及逻辑关系绘制网络图。

如图 3-17 所示，节点位置号的确定如下：

1）无紧前工作的工作，其起始节点的位置号为 0，如 A、B 工作的起始节点的位置号为 0。

2）有紧前工作的工作，其起始节点位置号等于其紧前工作的起始节点位置号的最大值加 1，如 E 的紧前工作为 B、C，而 B、C 的起始节点位置号分别为 0 和 1，则 E 的起始节点位置号为 1+1=2。

3）有紧后工作的工作，其终止节点位置号等于其紧后工作的起始节点位置号的最小值。

4）无紧后工作的工作，其终止节点位置号等于网络图中各个工作的终止节点位置号的最大值加 1。例如，E、G 的终止节点位置号等于 C、D 的终止节点位置号加 1，即 2+1=3。

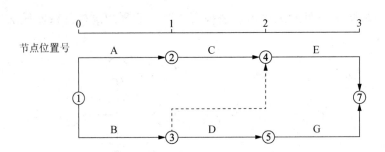

图 3-17　网络图与节点位置坐标关系

（2）双代号网络图绘制的步骤

1）根据已知的紧前工作确定紧后工作。

2）确定各工作的起始节点和终止节点位置号。

3）根据节点位置号和逻辑关系绘制网络图。

例 3-1　已知某网络图的资料如表 3-2 所示，试绘制其双代号网络图。

表 3-2　网络图资料表

工作	A	B	C	D	E	F	G
紧前工作	无	无	无	B	B	C、D	F

解：1）列出关系表，确定紧后工作和各工作的节点位置号，如表 3-3 所示。

表 3-3　各工作关系表

工作	A	B	C	D	E	F	G
紧前工作	—	—	—	B	B	C、D	F
紧后工作	—	D、E	F	F	—	G	—
起始节点位置号	0	0	0	1	1	2	3
终止节点位置号	4	1	2	2	4	3	4

2）根据由关系表确定的节点位置号，绘出网络图如图 3-18 所示。

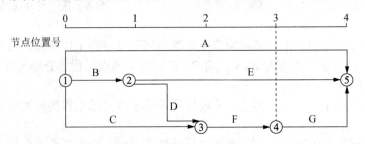

图 3-18　例 3-1 网络图

4. 虚工作的应用

1）避免工作代号相同 ［图 3-19（a）］。

2）正确表达工作之间的相互关系 ［图 3-19（b）］。

3）隔断网络图中不正确的逻辑关系 ［图 3-19（c）］。

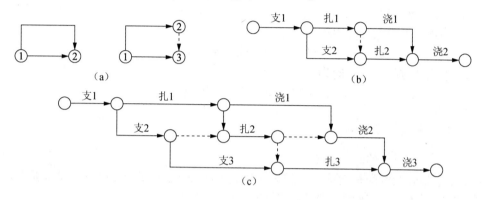

图 3-19　虚工作的应用

3.2.3　双代号网络图时间参数的计算

为了使双代号网络图在双代号网络计划中更加实用，有必要引入一些表达工作状态的时间参数。计算时间参数的目的是找出关键线路，利用关键线路计算时间；利用非关键线路计算富余时间，明确其存在多少机动时间；确定总工期，对工程进度做到心中有数。双代号网络图的时间参数可分为节点时间参数、工作时间参数及工作时差参数 3 种。

1. 节点时间参数

（1）节点最早时间（*TE*）

节点时间是指某个瞬时或时点。最早时间是指该节点之前的所有工作最早在此时刻都能结束，该节点之后的工作最早在此时刻才能开始。

其计算规则是从双代号网络图的起始节点开始，沿箭头方向逐点向后计算，直至终止节点。方法是"顺着箭头方向相加，逢箭头相碰的节点取最大值"。

节点最早时间的计算公式如下：

1）起始节点的最早时间为

$$TE_i = 0$$

2）中间节点的最早时间为

$$TE_j = \max[TE_i + D_{i-j}]$$

式中　D_{i-j} ——节点 i、j 之间工作的持续时间。

（2）节点最迟时间（TL）

节点最迟时间是指该节点之前的工作最迟在此时刻必须结束，该节点之后的工作最迟在此时刻必须开始。

其计算规则是从双代号网络图终止节点 n 开始，逆箭头方向逐点向前计算直至起始节点。方法是"逆着箭线方向相减，逢箭尾相碰的节点取最小值"。

节点最迟时间的计算公式如下：

1）终止节点的最迟时间为

$$TL_n = TE_n \text{（或规定工期）}$$

2）中间节点的最迟时间为

$$TL_i = \min[TL_j - D_{i-j}]$$

2. 工作时间参数

（1）工作最早开始时间（ES）

工作最早开始时间是指该工作最早此时刻才能开始。它受该工作起始节点最早时间控制，即等于该工作起始节点的最早时间。

工作最早开始时间的计算公式如下：

$$ES_{i-j} = TE_i$$

（2）工作最早完成时间（EF）

工作最早完成时间是指该工作最早此时刻才能结束。它受该工作起始节点最早时间控制，即等于该工作起始节点最早时间加上该项工作的持续时间。

工作最早完成时间计算公式如下：

$$EF_{i-j} = TE_i + D_{i-j} = ES_{i-j} + D_{i-j}$$

（3）工作最迟完成时间（LF）

工作最迟完成时间是指该工作此时刻必须完成。它受工作终止节点最迟时间控制，即等于该工作终止节点的最迟时间。

工作最迟完成时间的计算公式如下：

$$LF_{i-j} = TL_j$$

（4）工作最迟开始时间（LS）

工作最迟开始时间是指该工作最迟此时刻必须开始。它受该工作终止节点最迟时间控制，即等于该工作终止节点的最迟时间减去该工作持续时间。

工作最迟开始时间的计算公式如下：

$$LS_{i-j} = TL_j - D_{i-j} = LF_{i-j} - D_{i-j}$$

3. 工作时差参数

（1）工作总时差（TF）

工作总时差是指该工作可能利用的最大机动时间。在这个时间范围内若延长或推迟本工作时间，不会影响总工期。求出节点或工作的开始和完成时间参数后，即可计算该工作总时差。其数值等于该工作终止节点的最迟时间减去该工作起始节点的最早时间，再减去该工作的持续时间。

工作总时差的计算公式如下：

$$TF_{i-j} = TL_j - TE_i - D_{i-j} = LF_{i-j} - EF_{i-j} = LS_{i-j} - ES_{i-j}$$

总时差主要用于控制计划总工期和判断关键工作。总时差最小的工作就是关键工作（一般总时差为零）。其余工作为非关键工作。

（2）工作自由时差（FF）

工作自由时差是指在不影响紧后工作按最早可能起始时间开始的前提下，该工作能够自由支配的机动时间。其数值等于该工作终止节点的最早时间减去该工作起始节点的最早时间，再减去该工作的持续时间。

工作自由时差的计算公式如下：

$$FF_{i-j} = TE_j - TE_i - D_{i-j} = ES_{j-k} - ES_{i-j} - D_{i-j} = ES_{j-k} - EF_{i-j}$$

（3）相干时差（IF）

相干时差是指在总时差中，影响紧后工作按最早起始时间开工的机动时差。

相干时差的计算公式如下：

$$IF_{i-j} = TF_{i-j} - FF_{i-j}$$

4. 确定关键线路

计算上述时间参数的最终目的是找出关键线路。确定关键线路的方法如下：根据计算的总时差确定关键工作，由关键工作依次连接起来组成的线路即为关键线路。关键线路表示工程施工中的主要矛盾，要合理调配人力、物力，集中力量保证关键工作按时完工，以防延误工程进度。

5. 时间参数标注法

计算双代号网络图的时间参数的方法有分析计算法、图上计算法、表上计算法、矩阵计算法、电算法等。在此仅介绍图上计算法，该法适用于工作较少的网络图。图上计算法标注的方法如图 3-20 所示。

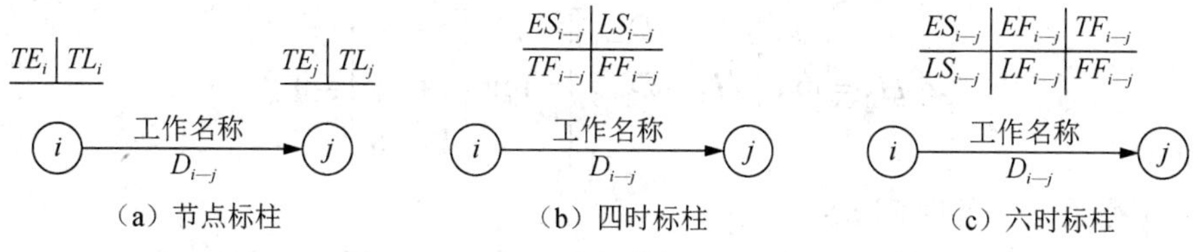

（a）节点标柱　　　　（b）四时标柱　　　　（c）六时标柱

图 3-20　时间参数标注法

例 3-2 根据图 3-21 所示网络图，用图上计算法计算其节点的时间参数 TE 和 TL，工作的时间参数 ES、EF、LF、LS，工作时差参数 TF、FF，用双箭线表示关键线路，并计算总工期 T。

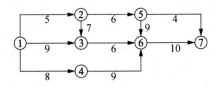

图 3-21 例 3-2 网络图

解：1）计算节点最早时间参数 TE。

$$TE_1 = 0，TE_2 = TE_1 + D_{1-2} = 0 + 5 = 5$$

$$TE_3 = \max \begin{bmatrix} TE_1 + D_{1-3} \\ TE_2 + D_{2-3} \end{bmatrix} = \max \begin{bmatrix} 0+9 \\ 5+7 \end{bmatrix} = 12$$

$$TE_4 = TE_1 + D_{1-4} = 0 + 8 = 8$$

$$TE_5 = TE_2 + D_{2-5} = 5 + 6 = 11$$

$$TE_6 = \max \begin{bmatrix} TE_5 + D_{5-6} \\ TE_3 + D_{3-6} \\ TE_4 + D_{4-6} \end{bmatrix} = \max \begin{bmatrix} 11+9 \\ 12+6 \\ 8+9 \end{bmatrix} = 20$$

$$TE_7 = \max \begin{bmatrix} TE_5 + D_{5-7} \\ TE_6 + D_{6-7} \end{bmatrix} = \max \begin{bmatrix} 11+4 \\ 20+10 \end{bmatrix} = 30$$

2）计算节点最迟时间 TL。

$$TL_7 = TE_7 = 30，TL_6 = TL_7 - D_{6-7} = 30 - 10 = 20$$

$$TL_5 = \min \begin{bmatrix} TL_7 - D_{5-7} \\ TL_6 - D_{5-6} \end{bmatrix} = \min \begin{bmatrix} 30-4 \\ 20-9 \end{bmatrix} = 11$$

$$TL_4 = TL_6 - D_{4-6} = 20 - 9 = 11$$

$$TL_3 = TL_6 - D_{3-6} = 20 - 6 = 14$$

$$TL_2 = \min \begin{bmatrix} TL_3 - D_{2-3} \\ TL_5 - D_{2-5} \end{bmatrix} = \min \begin{bmatrix} 14-7 \\ 11-6 \end{bmatrix} = 5$$

$$TL_1 = \min \begin{bmatrix} TL_2 - D_{1-2} \\ TL_3 - D_{1-3} \\ TL_4 - D_{1-4} \end{bmatrix} = \min \begin{bmatrix} 5-5 \\ 14-9 \\ 11-8 \end{bmatrix} = 0$$

3）工作最早开始时间 ES。

$$ES_{1-2} = ES_{1-3} = ES_{1-4} = TE_1 = 0，ES_{2-3} = ES_{2-5} = TE_2 = 5$$

$$ES_{3-6} = TE_3 = 12，ES_{4-6} = TE_4 = 8，ES_{5-6} = ES_{5-7} = TE_5 = 11$$

$$ES_{6-7} = TE_6 = 20$$

4）工作最早完成时间 EF。

$$EF_{1-2} = ES_{1-2} + D_{1-2} = 0 + 5 = 5 \, , \quad EF_{3-6} = ES_{3-6} + D_{3-6} = 12 + 6 = 18$$

同理可算得其他工作的 EF。

5）工作最迟完成时间 LF。

$$LF_{1-2} = TL_2 = 5 \, , \quad LF_{3-6} = TL_6 = 20$$

同理可算得其他工作的 LF。

6）工作最迟开始时间 LS。

$$LS_{1-2} = LF_{1-2} - D_{1-2} = 5 - 5 = 0 \, , \quad LS_{3-6} = LF_{3-6} - D_{3-6} = 20 - 6 = 14$$

同理可算得其他工作的 LS。

7）计算工作总时差 TF。

$$TF_{1-2} = LS_{1-2} - ES_{1-2} = 0 - 0 = 0 \, , \quad TF_{3-6} = LS_{3-6} - ES_{3-6} = 14 - 12 = 2$$

同理可算得其他工作的 TF。

8）计算工作自由时差 FF。

$$FF_{5-6} = TE_6 - TE_5 - D_{5-6} = 20 - 12 - 6 = 2$$

同理可算得其他工作的 FF。

9）确定关键线路和总工期 T。

工作总时差为 0 的工作有①→②、②→⑤、⑤→⑥和⑥→⑦，故关键线路为①→②→⑤→⑥→⑦。总工期 $T=5+6+9+10=30$。计算结果如图 3-22 所示。

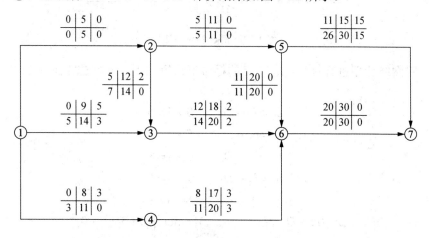

图 3-22　例 3-2 网络图时间参数

6. 用标号法确定关键线路

1）设网络计划起始节点①的标号值为 0：

$$b_1 = 0$$

2）其他节点的标号值等于以该节点为终止节点的各个工作的起始节点标号值加其持续时间之和的最大值，即

$$b_j = \max\left[b_i + D_{i-j} \right]$$

从网络计划的起始节点顺着箭线方向按节点编号从小到大的顺序逐次计算出标号值，并标注在节点的上方。对于网络计划，宜用双标号法进行标注，即用源节点（得出标号值的节点）作为第一标号，用标号值作为第二标号。

3）将节点都编号后，从网络计划终止节点开始，从右向左按源节点寻求出关键线路。网络计划终止节点的标号值即为计算工期。

例 3-3　已知网络计划如图 3-23 所示，试用标号法确定其关键线路。

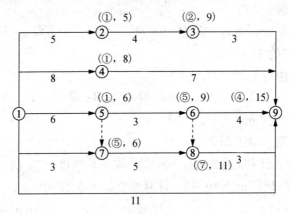

图 3-23　例 3-3 网络计划

解：对网络计划进行标号，各节点的标号值计算如下，并标注在图 3-24 中。

$$b_1 = 0$$
$$b_2 = b_1 + D_{1-2} = 0 + 5 = 5$$
$$b_3 = b_2 + D_{2-3} = 5 + 4 = 9$$
$$b_4 = b_1 + D_{1-4} = 0 + 8 = 8$$
$$b_5 = b_1 + D_{1-5} = 0 + 6 = 6$$
$$b_6 = b_5 + D_{5-6} = 6 + 3 = 9$$
$$b_7 = \max\left[(b_1 + D_{1-7}), (b_5 + D_{5-7}) \right] = \max\left[(0+3), (6+0) \right] = 6$$
$$b_8 = \max\left[(b_7 + D_{7-8}), (b_6 + D_{6-8}) \right] = \max\left[(6+5), (9+0) \right] = 11$$
$$b_9 = \max\left[(b_3 + D_{3-9}), (b_4 + D_{4-9}), (b_6 + D_{6-9}), (b_8 + D_{8-9}), (b_1 + D_{1-9}) \right]$$
$$= \max\left[(9+3), (8+7), (9+4), (11+3), (0+11) \right] = 15$$

根据源节点（即节点的第一个标号）从右向左寻求出关键线路为①→④→⑨。绘制用双箭线标示关键线路的网络计划，此时绘制的网络计划为时标网络计划，如图 3-24 所示。

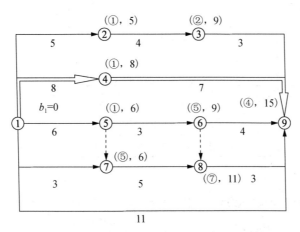

图 3-24　标示关键路径的时标网络计划

3.3　时标网络计划

时标网络计划是以时间为坐标尺度绘制的网络计划。时标的时间单位应根据需要在编制网络计划之前确定，可为小时、天、周、旬、月、季等。

时标网络计划以实箭线表示工作，以虚箭线表示虚工作，以波形线表示工作与其紧后工作之间的时间间隔。当工作之后紧接有工作时，波形线表示本工作的自由时差。时标网络计划中的箭线宜用水平箭线或由水平线段和垂直线段组成的箭线，不宜用斜箭线。虚工作也应如此，但虚工作的水平线段应绘成波形线。

时标网络计划宜按各个工作的最早开始时间编制，即在绘制时应使节点、工作和虚工作尽量向左（即网络计划开始节点的方向）靠拢，直至不出现逆向箭线和逆向虚箭线为止。

图 3-25 所示的时标网络计划是错误的，因为出现了逆向虚箭线②→③、逆向箭线④→⑤和未尽量向左靠的工作⑤→⑦和⑦→⑧。

正确的时标网络计划如图 3-26 所示。

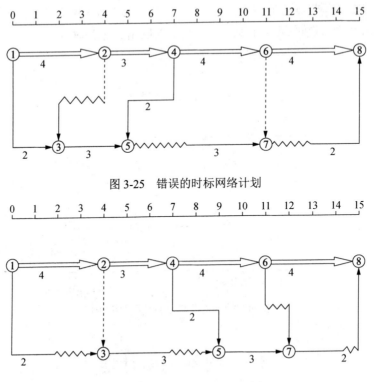

图 3-25　错误的时标网络计划

图 3-26　正确的时标网络计划

3.3.1　绘制方法

时标网络计划的绘制方法有间接绘制法和直接绘制法两种。

1. 间接绘制法

间接绘制法是先绘制时标网络计划，确定出关键线路，再绘制时标网络计划。绘制时先绘制关键线路，再绘制非关键工作，某些工作箭线长度不足以达到该工作的完成节点时用波形线补足，箭头画在波形与节点连接处。下面以实例进行说明。

例 3-4　已知网络计划的有关资料如表 3-4 所示，试用间接绘制法绘制时标网络计划。

表 3-4　某网络计划的有关资料

工作	A	B	C	D	E	G	H
持续时间/d	9	4	2	5	6	4	5
紧前工作	无	无	无	B	B、C	D	D、E

解：1）确定节点位置号，如表 3-5 所示。

表 3-5 节点位置号

工作	A	B	C	D	E	G	H
持续时间/d	9	4	2	5	6	4	5
紧前工作	—	—	—	B	B、C	D	D、E
紧后工作	—	D、E	E	G、H	H	—	—
起始节点位置号	0	0	0	1	1	2	2
终止节点位置号	3	1	1	2	2	3	3

2）绘制时标网络计划，并用标号法确定关键线路，如图 3-27 所示。

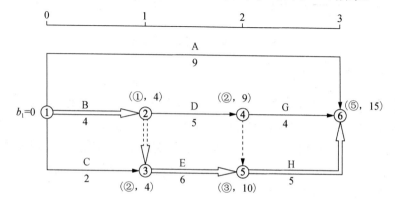

图 3-27　例 3-4 时标网络计划

3）按时间坐标绘制关键线路，如图 3-28 所示。

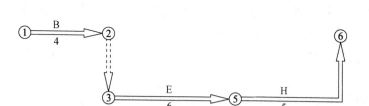

图 3-28　时标网络计划的关键线路

4）绘制非关键工作，即完成时标网络计划的绘制，如图 3-29 所示。

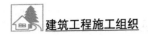

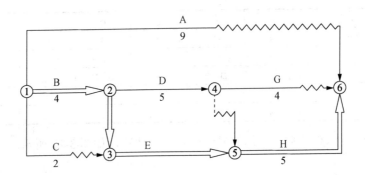

图 3-29　例 3-4 时标网络计划

2. 直接绘制法

直接绘制法是不经计算而直接绘制时标网络计划的方法。其绘制步骤如下：

1）将起始节点定位在时标表的起始刻度线上。

2）按工作持续时间在时标表上按比例绘制以起始节点为始点的工作箭线。

3）其他工作的起始节点必须在该工作的全部紧前工作都绘制完成后，定位在这些紧前工作最晚完成的时间刻度上。

某些工作的箭线长度不足以达到该节点时，用波形线补足，箭头画在波形线与节点连接处。

4）用上述方法自左至右依次确定其他节点位置，直至网络计划终止节点绘制完成。网络计划的终止节点在无紧后工作的工作全部绘出后，定位在最晚完成的时间刻度上。

时标网络计划的关键线路可由终止节点逆箭线方向朝起始节点逐次进行判定，自终至始不出现波形线的线路即为关键线路。

例 3-5　已知网络计划的资料如表 3-4 和表 3-5 所示，试用直接绘制法绘制时标网络计划。

解：1）将网络计划起始节点定位在时标表的起始刻度线"0"的位置上，起始节点的编号为 1。

2）绘出工作 A、B、C，如图 3-30 所示。

3）绘出工作 D、E，如图 3-31 所示。

4）绘出工作 G、H，如图 3-32 所示。

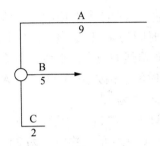

图 3-30 直接绘制法（一）

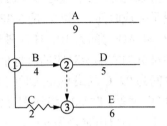

图 3-31 直接绘制法（二）

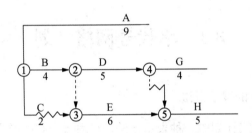

图 3-32 直接绘制法（三）

5）绘制网络计划终止节点⑥，如图 3-33 所示。

6）在图上用双箭线标注出关键线路。

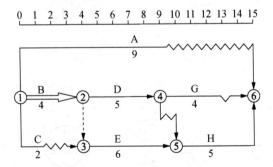

图 3-33 直接绘制法（四）

3.3.2 时间参数的确定

确定时标网络计划 6 个主要时间参数的步骤如下：

1）最早开始时间。工作箭线左端节点中心所对应的时标值为该工作的最早开始时间。例如，图 3-33 中，A、B、C 的最早开始时间为 0，D、E 的最早开始时间为 4，G 的最开始时间为 9，H 的最早开始时间为 10。

2）最早完成时间。若箭线右段无波纹线，则该箭线右端节点中心所对应的时标值为该工作的最早完成时间。例如，图 3-33 中，B 的最早完成时间为 4，D 的最早完成时间为 9，E 的最早完成时间为 10，H 的最早完成时间为 15。若箭线右段有波形线，则该左段无波形线部分的右端所对应的时标值为工作的最早完成时间。例如图 3-33 中，A 的最早完成时间为 9，C 的最早完成时间为 2，G 的最早完成时间为 13。

3）工作自由时差。时标网络计划上波纹线的长度即为该工作的自由时差。例如，图 3-33 中，A 工作的自由时差为 6d，G 工作的自由时差为 2d，C 工作的自由时差为 2d，其他工作的自由时差均为 0。

4）时标网络计划工作总时差、最迟开始时间、最迟完成时间的计算方法与单代号网络计划相关时间参数的计算方法相同，详见 3.4.3 节。

3.4 单代号网络计划

3.4.1 单代号网络计划的表示方法

单代号网络图是网络计划的一种表示方法。它用一个圆圈或方框代表一项工作，将工作代号、工作名称和完成工作所需要的时间写在圆圈或方框中，箭线仅用来表示工作之间的顺序关系。用单代号网络图表示的计划称为单代号网络计划，如图 3-34 所示。

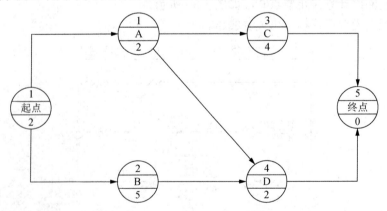

图 3-34　一个简单的单代号网络图

单代号网络图和双代号网络图所表达的计划内容是一致的，两者的区别仅在于绘图符号不同。单代号网络图箭线表示顺序关系，节点表示一项工作；而双代号网络图箭线表示的是一项工作，节点表示联系。在双代号网络图中存在虚工作，而单代号网络图没有虚工作。

3.4.2　单代号网络图的绘制

除了双代号网络图的绘图规则以外，对于单代号网络图，还必须符合以下要求：

1）网络图中有多项开始工作或多项结束工作时，在网络图的两端分别设置一项虚拟的工作，作为该网络图的起始节点及终止节点，如图 3-34 所示。

2）节点编码不能重复，一个编码代表一项工作。

例 3-6　已知单代号网络图的资料如表 3-2 所示，试绘制其单代号网络图。

解：1）列出关系表，确定出节点位置号，如表 3-6 所示。

表 3-6　关系表

工作	A	B	C	D	E	F	G
紧前工作	—	—	—	B	B	C、D	F
紧后工作	—	D、E	F	F	—	G	—
节点位置号	0	0	0	1	1	2	3

2）根据节点位置号和逻辑关系绘制单代号网络图，如图 3-35 所示。

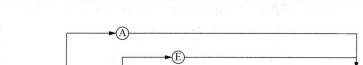

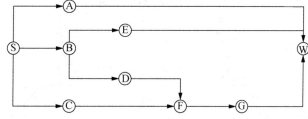

图 3-35　例 3-6 单代号网络图

注：S 和 W 节点为单代号网络图中虚拟的起始节点和终止节点

与双代号网络图相比，单代号网络图具有绘图简便、逻辑关系明确、易于修改等优点，因而受到普遍重视，其应用范围和表达功能也在不断发展和扩大。但当紧后工作较多时，用单代号网络图表示起来交叉较多。

3.4.3　单代号网络图时间参数的计算

单代号网络图时间参数 ES、LS、EF、LF、TF、FF 的计算方法与双代号网络图基本相同，只需把参数脚码由双代号改为单代号即可。由于单代号网络图中紧后工作的最早开始时间可能不相等，因此在计算自由时差时，需用紧后工作的最小值作为被减数。

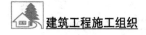

单代号网络计划的时间参数的计算可按下式进行（式中 i、j 表示工作编号，编号为 j 的工作为编号为 i 的工作的紧后工作）：

$$ES_1 = 0$$

$$ES_j = \max\left[(ES_i + D_i), 1 \leqslant i < j \leqslant n\right] = \max\left[EF_i\right]$$

$$LS_i = \min\left[LS_j\right] - D_i = LF_i - D_i$$

$$TF_i = LF_i - ES_i - D_i = LS_i - ES_i$$

$$FF_i = \min\left[ES_j\right] - (ES_i + D_i) = \min\left[ES_j\right] - EF_i$$

式中　　D_i——工作持续时间；

$\quad\quad ES_j$——工作最早开始时间；

$\quad\quad EF_i$——工作最早完成时间；

$\quad\quad LS_i$——工作最迟开始时间；

$\quad\quad LF_i$——工作最迟完成时间；

$\quad\quad TF_i$——工作总时差；

$\quad\quad FF_i$——工作自由时差。

网络计划终止节点所代表的工作 n 的最迟完成时间应等于计划工期，即 $LF_n = T$；工作最迟完成时间等于该工作的紧后工作的最迟开始时间的最小值，即

$$LF_i = \min\left[LS_j\right] = \min\left[LF_j - D_j\right] \quad (i < j)$$

现以图 3-36 为例，采用图上计算法进行时间参数计算。计算结果标于节点图例所示相应位置。图 3-36 中完成工作所需时间的单位为 d。

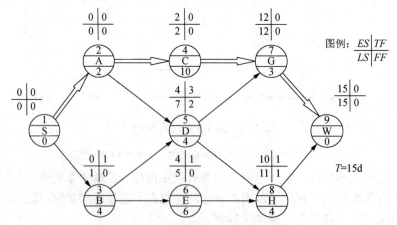

图 3-36　图上计算单代号网络图时间参数

1. 计算工作最早开始时间

图 3-36 所示的网络计划中有虚拟的起始节点和终止节点，其工作延续时间均为 0。起始节点的 $ES_1=0$，其余工作最早可能开始时间计算如下（顺箭线方向）：

$$ES_2 = ES_3 = ES_1 + D_1 = 0 + 0 = 0（d）$$
$$ES_4 = ES_2 + D_2 = 0 + 2 = 2（d）$$
$$ES_5 = \max\left[ES_2 + D_2, ES_3 + D_3\right] = 4（d）$$
$$ES_6 = ES_3 + D_3 = 0 + 4 = 4（d）$$
$$ES_7 = \max\left[ES_4 + D_4, ES_5 + 5\right] = 12（d）$$
$$ES_8 = \max\left[ES_5 + D_5, ES_6 + D_6\right] = 10（d）$$
$$ES_9 = \max\left[ES_7 + D_7, ES_8 + D_8\right] = 15（d）$$

计划总工期等于终止节点的最早开始时间与其延续时间之和，即 $T = ES_9 + D_9 = 15 + 0 = 15$（d）。

2. 计算工作最迟开始时间

终止节点（最后工作）的最迟开始时间为总工期减本工作的持续时间，即 $LS_9 = T - D_9 = 15 - 0 = 15$（d），其余工作的最迟开始时间计算如下（逆箭线方向）：

$$LS_8 = LS_9 - D_8 = 15 - 4 = 11（d）$$
$$LS_7 = LS_9 - D_7 = 15 - 3 = 12（d）$$
$$LS_6 = LS_8 - D_6 = 11 - 6 = 5（d）$$
$$LS_5 = \min\left[LS_8, LS_7\right] - D_5 = 11 - 4 = 7（d）$$
$$LS_4 = LS_7 - D_4 = 12 - 10 = 2（d）$$
$$LS_3 = \min\left[LS_6, LS_5\right] - D_3 = 5 - 4 = 1（d）$$
$$LS_2 = \min\left[LS_4, LS_5\right] - D_2 = 2 - 2 = 0（d）$$
$$LS_1 = \min\left[LS_2, LS_3\right] - D_1 = 0 - 0 = 0（d）$$

3. 计算工作总时差

$$TF_1 = LS_1 - ES_1 = 0 - 0 = 0（d）$$
$$TF_2 = 0，TF_3 = 1 - 0 = 1（d）$$
$$TF_4 = 2 - 2 = 0，TF_5 = 7 - 4 = 3（d）$$
$$TF_6 = 5 - 4 = 1，TF_7 = 12 - 12 = 0（d）$$
$$TF_8 = 11 - 10 = 1，TF_9 = 15 - 15 = 0（d）$$

将总时差最小的工作用双箭线或粗黑箭线连接起来，即为关键线路。本例关键线路为①→②→④→⑦→⑨，如图 3-36 所示。

4. 计算工作自由时差

$$FF_1 = \min\left[ES_2, ES_3\right] - ES_1 - D_1 = 0（d）$$
$$FF_2 = \min\left[ES_4, ES_5\right] - ES_2 - D_2 = 0（d）$$

$$FF_3 = 4 - 4 = 0（d）$$
$$FF_4 = 12 - 2 - 10 = 0（d）$$
$$FF_5 = 10 - 4 - 4 = 2（d）$$
$$FF_6 = 10 - 4 - 6 = 0（d）$$
$$FF_7 = 15 - 12 - 3 = 0（d）$$
$$FF_8 = 15 - 10 - 4 = 1（d）$$
$$FF_9 = T - ES_9 - D_9 = 15 - 15 - 0 = 0（d）$$

以上计算结果分别记入节点图例所示位置处，如图3-36所示。

3.5　网络计划的优化

网络计划经绘制和计算后，可得出最初方案。网络计划的最初方案只是一种可行方案，不一定是符合要求的方案或最优方案，因此必须进行网络计划的优化。

网络计划的优化是在满足既定约束条件的前提下，按某一目标通过不断改进网络计划寻求满意方案。网络计划的优化目标应按计划任务的需要和条件选定，一般有工期目标、费用目标和资源目标等，网络计划优化的内容有工期优化、费用优化和资源优化。

在优化过程中，不一定要计算全部时间参数值，只需找到关键线路即可。

3.5.1　工期优化

工期优化是压缩计算工期，以达到要求工期目标，或在一定约束条件下使工期最短的过程。

1. 优化原理

1）压缩关键工作的施工时间。

2）压缩的关键工作应为压缩以后，投资费用少，既不影响工程质量，又不造成资源供应紧张，并能保证安全施工的关键工作。

3）在进行关键工作的施工时间压缩时，应保证压缩后其仍为关键工作。

4）多条关键线路要同时、同步压缩。

2. 优化步骤

1）计算网络图，找出关键线路，求出计算工期 T_c，并与要求工期 T_r 进行比较。当 $T_c > T_r$ 时，应压缩的时间：

$$\Delta T = T_c - T_r \tag{3-1}$$

2）选择要压缩的关键工作，并将其压缩到工作最短持续时间。

3）重新计算网络图，检查关键工作是否超压（指失去关键工作的地位），如超压则适当增加该工作的持续时间并重新计算网络图。

4）比较 T_{c1} 与 T_r，如 $T_{c1} > T_r$ 则重复步骤 1）～3），直到 $T_{ci} < T_r$。

5）如所有关键工作或部分关键工作已压缩到最短持续时间，仍不能满足要求，应对计划的原技术组织方案进行调整，或重新审定工期。

例 3-7　已知网络计划如图 3-37 所示，箭杆下方括号外为正常持续时间，括号内为最短持续时间（单位：d），假定要求工期为 100d，根据实际情况并考虑选择应缩短持续时间的关键工作宜考虑的因素，缩短顺序为 B、C、D、E、G、H、I、A，试对该网络计划进行优化。

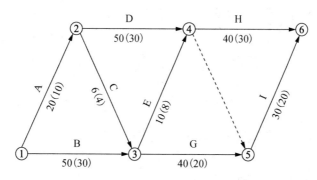

图 3-37　例 3-7 初始网络计划

解：1）确定关键线路并计算其工期，如图 3-38 所示。

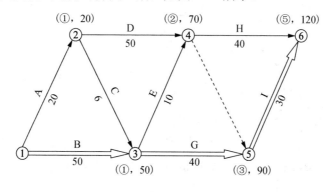

图 3-38　用标号法确定关键线路

2）应缩短时间如下：

$$\Delta T = T_c - T_r = 120 - 100 = 20（\text{d}）$$

3）先将工作 B 压缩至最短持续时间 30d，计算网络图找出关键线路为 A→D→H

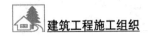

（图 3-39）。

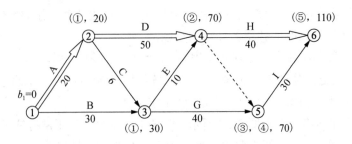

图 3-39　B 缩至 30d 后的网络计划

4）将工作 B 的持续时间增加至 40d，使之仍为关键工作（图 3-40），关键线路为 A→D→H 和 B→G→I。

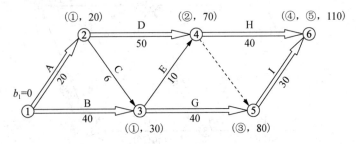

图 3-40　B 增至 40d 后的网络计划

5）根据已知缩短顺序，决定将工作 D、G 各压缩 10d，使工期达到 100d 的要求，如图 3-41 所示。

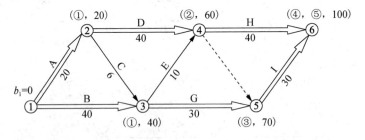

图 3-41　D、G 各压缩 10d 达到目标工期的优化网络计划

3.5.2　费用优化

费用优化又称时间成本优化，是寻求最低成本时的最短工期安排，或按要求工期寻求最低成本的计划安排过程。

　　网络计划的总费用由直接费用和间接费用组成。直接费用是随工期的缩短而增加的费用，间接费用是随工期的缩短而减少的费用。由于直接费用随工期缩短而增加，间接费用随工期缩短而减少，因此必定有一个总费用最少的工期。这便是费用优化所寻求的目标。上述情况可由图 3-42 所示的工期-费用曲线表示。

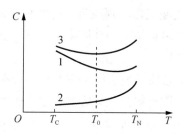

图 3-42　工期-费用曲线

1—直接费用；2—间接费用；3—总费用；T_C—最短工期；T_N—正常工期；T_0—优化工程

　　费用优化可按下述步骤进行：

　　1）算出工程总直接费用。工程总直接费用等于组成该工程的全部工作的直接费用之和，用 $\sum C_{i-j}^D$ 表示。

　　2）算出各项工作直接费用的增加率（简称直接费率，即缩短工作持续时间每一单位时间所需增加的直接费用）。工作 $i—j$ 的直接费率用 α_{i-j}^D 表示。

$$\alpha_{i-j}^D = \frac{CC_{i-j} - CN_{i-j}}{DN_{i-j} - DC_{i-j}} \tag{3-2}$$

式中　DN_{i-j}——工作 $i—j$ 的正常持续时间，即在合理的组织条件下，完成一项工作所需的时间；

　　　　DC_{i-j}——工作 $i—j$ 的最短持续时间，即不可能进一步缩短的工作持续时间，又称临界时间；

　　　　CN_{i-j}——工作 $i—j$ 的正常持续时间直接费用，即按正常持续时间完成一项工作所需的直接费用；

　　　　CC_{i-j}——工作的 $i—j$ 最短持续时间直接费用，即按最短持续时间完成一项工作所需的直接费用。

　　3）找出网络计划中的关键线路并求出计算工期。

　　4）算出计算工期为 t 的网络计划的总费用：

$$C_t^T = \sum C_{i-j}^D + \alpha^{ID} t \tag{3-3}$$

式中　$\sum C_{i-j}^D$——计算工期 t 的网络计划的总直接费用；

　　　　α^{ID}——工程间接费率，即缩短或延长工期每一单位时间所需减少或增加的费用。

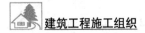

5）当只有一条关键线路时，将直接费率最小的一项工作压缩至最短持续时间，并找出关键线路。若被压缩的工作变成了非关键工作，则应将其持续时间延长，使之仍为关键工作。当有多条关键线路时，需压缩一项或多项直接费率或组合直接费率最小的工作，并以其中正常持续时间与最短持续时间的差值最小为尺度进行压缩，并找出关键线路。若被压缩工作变成了非关键工作，则应将其持续时间延长，使之仍为关键工作。

在压缩过程中，关键工作可以被动地（即未经压缩）变成非关键工作，关键线路也可以因此变成非关键线路。

在确定了压缩方案以后，必须将被压缩工作的直接费率或组合直接费率与间接费率进行比较。如等于间接费率，则已得到优化方案；如小于间接费率，则需继续按上述方法进行压缩；如大于间接费率，则在此前一次的小于间接费率的方案即为优化方案。

6）列出优化表，如表3-7所示。

表3-7　优化表

缩短次数	压缩工作代号	压缩工作名称	直接费率或组合直接费率	费率差（正或负）	缩短时间	费用变化（正或负）	工期	优化点
①	②	③	④	⑤	⑥	⑦=⑤×⑥	⑧	⑨
				费用变化合计				

注：1. 费率差=直接费率或组合直接费率-间接费率。

2. 费用变化只合计负值。

7）计算出优化后的总费用：

优化后的总费用=初始网络计划的总费用-费用变化合计的绝对值　　　　（3-4）

8）绘出优化网络计划。在箭线上方注明直接费用，箭线下方注明持续时间。

9）按式（3-3）计算优化网络计划的总费用。此数值应与用式（3-4）算出的数值相同。

例3-8　已知网络计划如图3-43所示，图中箭线下方为正常持续时间和括号内为最短持续时间，箭线上方为正常直接费用（千元）、括号内为最短时间直接费用（千元），间接费率为0.8千元/d，试对其进行费用优化。

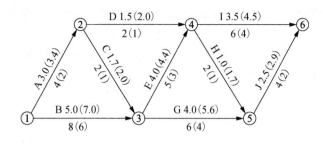

图 3-43　例 3-8 网络计划

解：1）算出工程总直接费用：

$$\sum C_{i-j}^{D} = 3.0 + 5.0 + 1.5 + 1.7 + 4.0 + 4.0 + 1.0 + 3.5 + 2.5 = 26.2（千元）$$

2）算出各项工作的直接费率：

$$\alpha_{1-2}^{D} = \frac{CC_{1-2} - CN_{1-2}}{DN_{1-2} - DC_{1-2}} = \frac{3.4 - 3.0}{4 - 2} = 0.2（千元 / d）$$

$$\alpha_{1-3}^{D} = \frac{7.0 - 5.0}{8 - 6} = 1.0 \quad（千元/d）$$

$$\alpha_{2-3}^{D} = \frac{2.0 - 1.7}{2 - 1} = 0.3 \quad（千元/d）$$

$$\alpha_{2-4}^{D} = \frac{2.0 - 1.5}{2 - 1} = 0.5 \quad（千元/d）$$

$$\alpha_{3-4}^{D} = \frac{4.4 - 4.0}{5 - 3} = 0.2 \quad（千元/d）$$

$$\alpha_{3-5}^{D} = \frac{5.6 - 4.0}{6 - 4} = 0.8 \quad（千元/d）$$

$$\alpha_{4-5}^{D} = \frac{1.7 - 1.0}{2 - 1} = 0.7 \quad（千元/d）$$

$$\alpha_{4-6}^{D} = \frac{4.5 - 3.5}{6 - 4} = 0.5 \quad（千元/d）$$

$$\alpha_{5-6}^{D} = \frac{2.9 - 2.5}{4 - 2} = 0.2 \quad（千元/d）$$

3）用标号法找出网络计划中的关键线路并求出计算工期。如图 3-44 所示，计算工期为 19d。图 3-43 中箭线上方括号内为直接费率。

4）算出工程总费用：

$$C_{19}^{T} = \sum C_{i-j}^{D} + \alpha^{ID} t = 26.2 + 0.8 \times 19 = 26.2 + 15.2 = 41.4 \quad（千元）$$

5）进行压缩：

进行第一次压缩。有两条关键线路 B→E→I 和 B→E→H→J，直接费率最低的关键工作为 E，其直接费率为 0.2 千元/d（以下未标注单位的费率其单位均为千元/d），小于间接费率 0.8。因不能判断是否已出现优化点，故需将其压缩。现将 E 压缩至最短持续时间 3，找出关键线路，如图 3-45 所示。由于 E 被压缩成了非关键工作，因此需将其松弛至 4，使之仍为关键工作，且不影响已形成的关键线路 B→E→H→J 和 B→E→I。第一次压缩后的网络计划如图 3-46 所示。

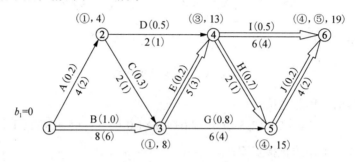

图 3-44　初始网络计划

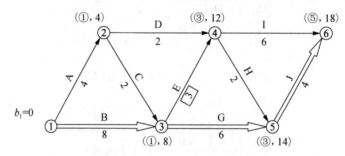

图 3-45　E 压缩至最短持续时间 3

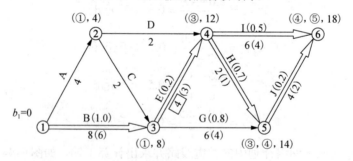

图 3-46　第一次压缩后的网络计划

进行第二次压缩。有 3 条关键线路为 B→E→I、B→E→H→J、B→G→J，共有 5 个压缩方案：①压缩 B，直接费率为 1.0；②压缩 E、G，组合直接费率为 0.2+0.8=1.0；③压缩 E、J，组合直接费率为 0.2+0.2=0.4；④压缩 I、J，组合直接费率为 0.5+0.2=0.7；⑤压缩 I、H、G，组合直接费率为 0.5+0.7+0.8=2.0。决定采用诸方案中直接费率或组合直接费率最小的第三方案，即压缩 E、J，组合直接费率为 0.4，小于间接费率 0.8，尚不能判断是否已出现优化点，故应继续压缩。由于 E 只能压缩 1d，J 随之只可压缩 1d。压缩后，用标号法找出关键线路，此时只有两条关键线路为 B→E→I、B→G→J，H 未经压缩而被动地变成了非关键工作。第二次压缩后的网络计划如图 3-47 所示。

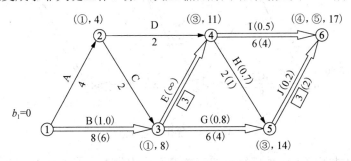

图 3-47　第二次压缩后的网络计划

进行第三次压缩。如图 3-47 所示，有 4 个压缩方案，与第二次压缩时的方案相同，只是第二方案（压缩 E、G）和第三方案（压缩 E、J）的组合费率由于 E 的直接费率已变为无穷大而随之变为无穷大。此时组合直接费率最小的是第四案（压缩 I、J），为 0.5+0.2=0.7，小于间接费率 0.8，尚不能判断是否已出现优化点，故需要继续压缩。由于 J 只能压缩 1d，I 随之只可压缩 1d。压缩后关键线路不变，故可不重新画图。

进行第四次压缩，由于第二~四方案的组合直接费率因 E、J 的直接费率不能再缩短而变成无穷大，故只能选用第一方案（压缩 B），由于 B 的直接费率 1.0 大于间接费率 0.8，故已出现优化点。优化网络计划即为第三次压缩后的网络计划。

6）列出优化表，如表 3-8 所示。

表 3-8　优化表

缩短次数	压缩工作代号	压缩工作名称	直接费率或组合直接费率/（千元/d）	费率差（正或负）	缩短时间/d	费用变化（正或负）/千元	工期/d	优化点
①	②	③	④	⑤	⑥	⑦=⑤×⑥	⑧	⑨
0	—	—	—	—	—	—	19	
1	3—4	E	0.2	−0.6	1	−0.6	18	
2	3—4 5—6	E、J	0.4	−0.4	1	−0.4	17	
3	4—6 5—6	I、J	0.7	−0.1	1	−0.1	16	
4	1—3	B	1.0	+0.2	—	—	—	优
			费用变化合计			−1.1		

7）计算优化后的总费用。

$$C_{16}^{T} = 41.4 - 1.1 = 40.3 \text{（千元）}$$

8）绘制优化网络计划，如图 3-48 所示。

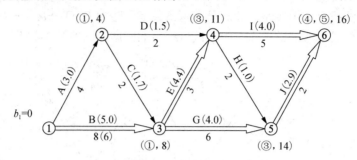

图 3-48　优化网络计划

图 3-48 中被压缩工作被压缩后的直接费用确定如下：①工作 E 已压缩至最短持续时间，直接费用为 4.4 千元；②工作 I 压缩 1d，直接费用为 3.5+0.5×1=4.0（千元）；③工作 J 已压缩至最短持续时间，直接费用为 2.9 千元。

9）按优化网络计划计算出总费用：

$$C_{16}^T = \sum C_{i-j}^D + \alpha^{ID} t$$
$$= (3.0 + 5.0 + 1.7 + 1.5 + 4.4 + 4.0 + 1.0 + 4.0 + 2.9) + 0.8 \times 16$$
$$= 27.5 + 12.8$$
$$= 40.3（千元）$$

3.5.3　资源优化

资源是为完成任务所需的人力、材料、机械设备和资金等的统称。完成一项工程任务所需的资源量基本上是不变的，不可能通过资源优化将其减少。资源优化是指通过改变工作的开始时间，使资源按时间的分布符合优化目标。资源优化中几个常用术语解释如下：

1）资源强度。资源强度是指一项工作在单位时间内所需的某种资源数量。工作 $i-j$ 的资源强度用 r_{i-j} 表示。

2）资源需用量。资源需用量是指网络计划中各项工作在某一单位时间内所需某种资源数量之和。第 t 天资源需用量用 R_t 表示。

3）资源限量。资源限量是指单位时间内可供使用的某种资源的最大数量，用 R_a 表示。

1. 资源有限-工期最短的优化

资源有限-工期最短的优化是指调整计划安排，以满足资源限制条件，并使工期拖延最少的过程。

资源有限-工期最短的优化宜在时标网络计划上进行，步骤如下：

1）从网络计划开始的第 1 天起，从左至右计算资源需用量 R_t，并检查其是否超过资源限量 R_α。如检查至网络计划最后 1 天都是 $R_t \leqslant R_\alpha$，则该网络计划符合优化要求；如发现 $R_t > R_\alpha$，则应停止检查进行调整。

2）调整网络计划。将 $R_t > R_\alpha$ 处的工作进行调整。调整的方法是将该处的一项工作移至该处的另一项工作之后，以减少该处的资源需用量。如该处有两项工作 α、β，则有将 α 移至 β 后和将 β 移至 α 后两个调整方案。

3）计算调整后的工期增量。调整后的工期增量等于前面工作的最早完成时间减去移至后面工作的最早开始时间再减去移至后面的工作的总时差。如 β 移至 α 后，则其工期增量用 $\Delta T_{\alpha,\beta}$，可表示为

$$\Delta T_{\alpha,\beta} = EF_\alpha - ES_\beta - TF_\beta \tag{3-5}$$

式（3-5）的证明如下：

在移动之前 β 的最迟完成时间为 LF_β，移动后的最早完成时间为 $EF_\alpha + D_\beta$，两者之差即为工期增量，即

$$\Delta T_{\alpha,\beta} = (EF_\alpha + D_\beta) - LF_\beta = EF_\alpha - (LF_\beta - D_\beta) = EF_\alpha - LS_\beta$$

由式 $TF_{i-j} = LS_{i-j} - ES_{i-j}$ 和 $LS_{i-j} = TF_{i-j} + ES_{i-j}$ 得

$$\Delta T_{\alpha,\beta} = EF_\alpha - ES_\beta - TF_\beta$$

4）重复以上步骤，直至出现优化方案为止。

例 3-9　已知网络计划如图 3-49 所示。图中箭线上方为资源强度，箭线下方为持续时间。若资源限量 $R_\alpha = 12$，试对其进行资源有限-工期最短的优化。

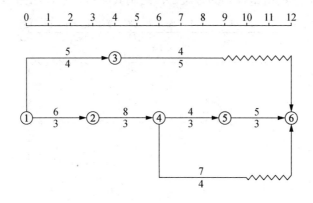

图 3-49　例 3-9 网络计划

解：1）计算资源需用量，如图 3-50 所示。至第 4 天，$R_4 = 13 > R_\alpha = 12$，故需进行调整。

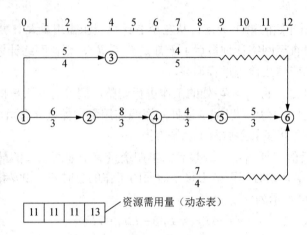

图 3-50　计算资源需用量

2）进行调整。

方案一：将工作 1—3 移至 2—4 后，此时 $EF_{2-4}=6$ ，$ES_{1-3}=0$ ，$TF_{1-3}=3$ ，由式（3-5）得

$$\Delta T_{2-4,1-3}=6-0-3=3$$

方案二：将工作 2—4 移至 1—3 后，此时 $EF_{1-3}=4$ ，$ES_{2-4}=3$ ，$TF_{2-4}=0$ ，由式（3-5）得

$$\Delta T_{1-3,2-4}=4-3-0=1$$

3）决定先考虑工期增量较小的方案二，绘制其网络计划，如图 3-51 所示。

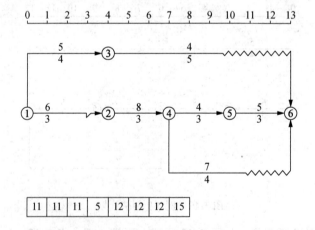

图 3-51　绘制网络计划效果

4）计算第 8 天的资源需用量为 $R_8=15>R_\alpha=12$ ，故需进行第二次调整。考虑调整的工作有 3—6、4—5、4—6。

5）进行第二次调整，现列出表 3-9 进行调整。

表 3-9　第二次调整表

方案编号	前面工作 α	后面工作 β	EF_α	ES_β	TF_β	$\Delta T_{\alpha,\beta}$	T/d	R_t 与 R_α 的关系
①	②	③	④	⑤	⑥	⑦=④-⑤-⑥	⑧	⑨
三	3—6	4—5	9	7	0	2	15	×
四	3—6	4—6	9	7	2	0	13	√
五	4—5	3—6	10	4	4	2	15	×
六	4—5	4—6	10	7	2	1	14	×
七	4—6	3—6	11	4	4	3	16	×
八	4—6	4—5	11	7	0	4	17	×

注：$R_t > R_\alpha$ 记为×，$R_t \leqslant R_\alpha$ 记为√。

6）决定先检查工期增量最少的方案四，绘制图 3-52。从图 3-52 中可以看出，自始至终均是 $R_t \leqslant R_\alpha$，故该方案为优选方案。其他方案（包括第一次调整的方案一）的工期增量均大于此优选方案四，即使满足 $R_t \leqslant R_\alpha$，也不能是最优方案，故此得出最优方案为方案四，工期为 13d。

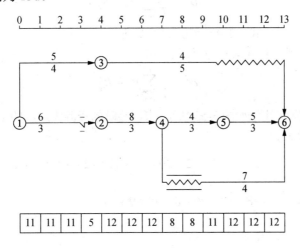

图 3-52　优化网络计划

2. 工期固定-资源均衡的优化

工期固定-资源均衡的优化是指调整计划安排，在工期保持不变的条件下，使资源需用量尽可能均衡的过程。

资源均衡可以大大减少施工现场各种临时设施（如仓库、堆场、加工场、临时供水供电设施等生产设施和工人临时住房、办公房屋、食堂、浴室等生活设施）的规模，从而节省施工费用。

（1）衡量资源均衡的指标

衡量资源均衡的指标一般有以下 3 种：

1）不均衡系数 K。

$$K = \frac{R_{max}}{R_m} \tag{3-6}$$

式中　R_{max}——最大的资源需用量；

　　　R_m——资源需用量的平均值，计算式为

$$R_m = \frac{1}{T}\left(R_1 + R_2 + \cdots + R_t\right) = \frac{1}{T}\sum_{t=1}^{T} R_t \tag{3-7}$$

资源需用量不均衡系数越小，资源需用量均衡性越好。

2）极差值 ΔR。

$$\Delta R = \max\left[\left|R_t - R_m\right|\right] \tag{3-8}$$

资源需用量极差值越小，资源需用量均衡性越好。

3）均方差值 σ^2。

$$\sigma^2 = \frac{1}{T}\sum_{t=1}^{T}\left(R_t - R_m\right)^2 \tag{3-9}$$

为使计算较为简便，式（3-9）可做如下变换：

将式（3-9）展开，将式（3-7）代入，得

$$\sigma^2 = \frac{1}{T}\sum_{t=1}^{T} R_t^2 - R_m^2 \tag{3-10}$$

例 3-10　初始网络计划如图 3-53 所示。未调整时的资源需用量的上述衡量指标如下：

1）不均衡系数 K：

$$R_m = \frac{1}{14} \times (14\times2 + 19\times2 + 20\times1 + 8\times1 + 12\times4 + 9\times1 + 5\times3)$$

$$= \frac{1}{14} \times (28 + 38 + 20 + 8 + 48 + 9 + 15)$$

$$= \frac{1}{14} \times 166$$

$$\approx 11.86$$

$$K = \frac{R_{max}}{R_m} = \frac{R_5}{R_m} = \frac{20}{11.86} = 1.69$$

2）极差值 ΔR：

$$\Delta R = \max\left[\left|R_t - R_m\right|\right]$$

$$= \max\left[\left|R_5 - R_m\right|, \left|R_{12} - R_m\right|\right]$$

$$= \max\left[\left|20 - 11.86\right|, \left|5 - 11.86\right|\right] = \max\left[8.14, 6.86\right]$$

$$= 8.14$$

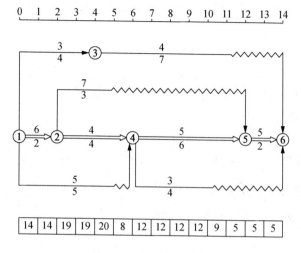

图 3-53 初始网络计划

3）均方差值 σ^2：

$$\sigma^2 = \frac{1}{14} \times (14^2 \times 2 + 19^2 \times 2 + 20^2 \times 1 + 8^2 \times 1 + 12^2 \times 4 + 9^2 \times 1 + 5^2 \times 3) - 11.86^2$$

$$\approx \frac{1}{14} \times (196 \times 2 + 361 \times 2 + 400 + 64 + 144 \times 4 + 81 + 25 \times 3) - 140.66$$

$$= \frac{1}{14} \times 2310 - 140.66$$

$$= 165 - 140.66$$

$$= 24.34$$

（2）进行优化调整

1）调整顺序。调整宜自网络计划终止节点开始，从右向左逐次进行。按工作的终止节点的编号值从大到小的顺序进行调整，对于同一个终止节点上的工作，应先调整开始时间较迟的工作。

所有工作都按上述顺序自右向左进行多次调整，直至所有工作既不能向右移也不能向左移为止。

2）工作可移性的判断。由于工期固定，因此关键工作不能移动。非关键工作是否可移，主要看是否削低了高峰值，填高了低谷值，即是不是削峰填谷。

一般可用下面的方法判断：

① 工作若向右移动一天，则在右移后该工作完成那一天的资源需用量宜等于或小于右移前工作开始那一天的资源需用量，否则在削低了高峰值后，又填充了新的高峰值。若用 $k—l$ 表示被移工作，i 与 j 分别表示工作未移前开始和完成那一天，则

$$R_{j+1} + r_{k-l} \leqslant R_i \qquad （3-11）$$

工作若向左移动一天，则在左移后该工作开始那一天的资源需用量宜等于或小于左

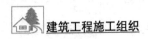

移前工作完成那一天的资源需用量，否则亦会产生削峰后又填谷成峰的效果，即应符合下式要求：

$$R_{i-1} + r_{k-l} \leqslant R_j \tag{3-12}$$

② 若工作右移或左移一天不能满足上述要求，则要看右移或左移数天后能否减小 σ^2 值，即按式（3-9）判断。由于式中 R_m 不变，未受移动影响部分的 R_t 不变，因此只比较受移动影响的部分的 R_t 即可，即

向右移时：

$$\begin{aligned}
&\left[\left(R_i - r_{k-l}\right)^2 + \left(R_{i+1} - r_{k-l}\right)^2 + \left(R_{i+2} - r_{k-l}\right)^2 + \cdots + \left(R_{j+1} - r_{k-l}\right)^2 \right. \\
&\left. + \left(R_{j+2} - r_{k-l}\right)^2 + \left(R_{j+3} - r_{k-l}\right)^2 + \cdots \right] \\
&\leqslant \left[R_i^2 + R_{i+1}^2 + R_{i+2}^2 + \cdots + R_{j+1}^2 + R_{j+2}^2 + R_{j+3}^2 + \cdots \right]
\end{aligned} \tag{3-13}$$

向左移时：

$$\begin{aligned}
&\left[\left(R_j - r_{k-l}\right)^2 + \left(R_{j-1} - r_{k-l}\right)^2 + \left(R_{j-2} - r_{k-l}\right)^2 + \cdots \right. \\
&\left. + \left(R_{i-1} + r_{k-l}\right)^2 + \left(R_{i-2} + r_{k-l}\right)^2 + \left(R_{i-3} + r_{k-l}\right)^2 + \cdots \right] \\
&\leqslant \left[R_j^2 + R_{j-1}^2 + R_{j-2}^2 + \cdots + R_{i-1}^2 + R_{i-2}^2 + R_{i-3}^2 + \cdots \right]
\end{aligned} \tag{3-14}$$

例 3-11 已知初始网络计划如图 3-53 所示。图中箭线上方为资源强度，箭线下方为持续时间，网络计划的下方为资源需用量。试对其进行工期固定-资源均衡的优化。

解： 1）向右移动工作 4—6，按式（3-13）有

$$R_{11} + r_{4-6} = 9 + 3 = R_7 = 12 \qquad （可右移 1d）$$
$$R_{12} + r_{4-6} = 5 + 3 = 8 < R_8 = 12 \qquad （可再右移 1d）$$
$$R_{13} + r_{4-6} = 5 + 3 = 8 < R_9 = 12 \qquad （可再右移 1d）$$
$$R_{14} + r_{4-6} = 5 + 3 = 8 < R_{10} = 12 \qquad （可再右移 1d）$$

至此已移到网络计划最后一天。

移动工作 4—6 后资源需用量的变化情况如表 3-10 所示。

表 3-10　移动工作 4—6 后资源需用量的变化情况

天数	1	2	3	4	5	6	7	8	9	10	11	12	13	14
移动前	14	14	19	19	20	8	12	12	12	12	9	5	5	5
变化情况							-3	-3	-3	-3	+3	+3	+3	+3
移动后	14	14	19	19	20	8	9	9	9	9	12	8	8	8

2）向右移动工作 3—6：

$$R_{12} + r_{3-6} = 8 + 4 = 12 < R_5 = 20 \qquad （可右移 1d）$$

由表 3-10 可明显看出，工作 3—6 已不能再向右移动。移动后资源需用量的变化情况如表 3-11 所示。

表 3-11　移动后资源需用量的变化情况

天数	1	2	3	4	5	6	7	8	9	10	11	12	13	14
移动前	14	14	19	19	20	8	9	9	9	9	12	8	8	8
变化情况					−4							+4		
移动后	14	14	19	19	16	8	9	9	9	9	12	12	8	8

3）向右移动工作 2—5：

$$R_6+r_{2-5}=8+7=15<R_3=19 \qquad （可右移 1d）$$
$$R_7+r_{2-5}=9+7=16<R_4=19 \qquad （可再右移 1d）$$
$$R_8+r_{2-5}=9+7=16<R_5=20 \qquad （可再右移 1d）$$

此时已将工作 2—5 移至其原有位置之后，故需列出调整表后再判断能否移动，其调整表如表 3-12 所示。

表 3-12　移动工作 2—5 的调整表

天数	1	2	3	4	5	6	7	8	9	10	11	12	13	14
移动前	14	14	19	19	16	8	9	9	9	9	12	12	8	8
变化情况			−7	−7	−7	+7	+7	+7						
移动后	14	14	12	12	9	15	16	16	9	9	12	12	8	8

从表 3-12 可明显看出，工作 2—5 已不能继续向右移动。为明确其他工作右移的可能性，需绘制上阶段调整后的网络计划，如图 3-54 所示。

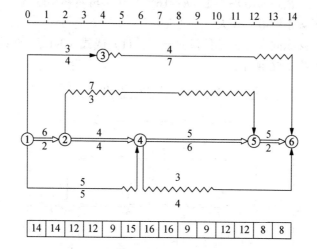

图 3-54　调整后的网络计划

4）向右移动工作 1—3：

$$R_5 + r_{1-3} = 9 + 3 = 12 < R_1 = 14 \qquad （可右移 1d）$$

此时已无自由时差，故不能再向右移动。

5）可明显看出，工作 1—4 不能向后移动。

从左向右移动一遍后的网络计划如图 3-55 所示。

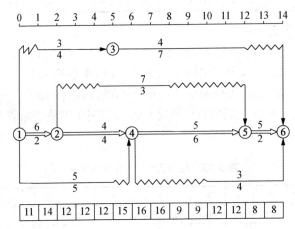

图 3-55　从左向右移动一遍后的网络计划

6）第二次右移工作 3—6：

$$R_{13} + r_{3-6} = 8 + 4 = 12 < R_6 = 15 \qquad （可右移 1d）$$

$$R_{14} + r_{3-6} = 8 + 4 = 12 < R_7 = 16 \qquad （可再右移 1d）$$

至此已移至网络计划最后一天。

其他工作向右移或向左移都不能满足式（3-11）或式（3-12）的要求。至此已得出优化网络计划，如图 3-56 所示。

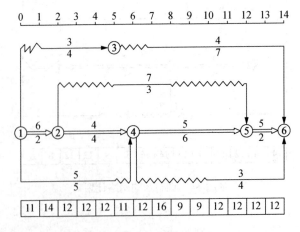

图 3-56　优化网络计划

7）算出优化后的三项指标。

不均衡系数：

$$K = \frac{R_{\max}}{R_{\mathrm{m}}} = \frac{16.00}{11.86} \approx 1.35$$

极差值：

$$\begin{aligned}
\Delta R &= \max\left[\left|R_8 - R_{\mathrm{m}}\right|, \left|R_9 - R_{\mathrm{m}}\right|\right] \\
&= \max\left[\left|16 - 11.86\right|, \left|9 - 11.86\right|\right] \\
&= \max\left[\left|4.14\right|, \left|-2.86\right|\right] \\
&= 4.14
\end{aligned}$$

均方差值：

$$\begin{aligned}
\sigma^2 &= \frac{1}{14} \times (11^2 \times 2 + 14^2 \times 1 + 12^2 \times 8 + 16^2 \times 1 + 9^2 \times 2) - (11.86)^2 \\
&\approx \frac{1}{14} \times (121 \times 2 + 196 + 144 \times 8 + 256 + 81 \times 2) - 140.66 \\
&= \frac{1}{14} \times 2008 - 140.66 \\
&\approx 143.43 - 140.66 \\
&= 2.77
\end{aligned}$$

8）与初始网络计划相比，三项指标降低百分率为

不均衡系数：

$$\frac{1.69 - 1.35}{1.69} \times 100\% \approx 20.12\%$$

极差值：

$$\frac{8.14 - 4.14}{8.14} \times 100\% \approx 49.14\%$$

均方差值：

$$\frac{24.34 - 2.77}{24.34} \times 100\% \approx 88.62\%$$

3.6　双代号网络图在建筑施工中的应用

双代号网络图常用于编制建筑群的施工总进度计划、单位工程施工进度计划和分部工程施工进度计划，也可用于编制施工企业的年度生产计划、季度生产计划和月度生产计划。

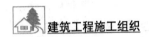

3.6.1 建筑施工网络计划的排列方法

1. 按施工段排列的方法

按施工段排列的方法如图 3-57 所示。

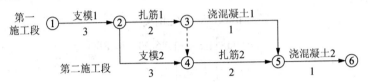

图 3-57　按施工段排列

2. 按分部工程排列的方法

按分部工程排列的方法如图 3-58 所示。

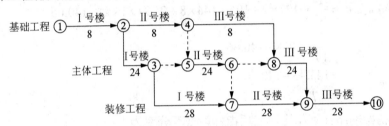

图 3-58　按分部工程排列

3. 按楼层排列的方法

按楼层排列的方法如图 3-59 所示。

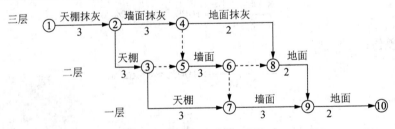

图 3-59　按楼层排列

4. 按幢号排列的方法

按幢号排列的方法如图 3-60 所示。

此外，还可以根据施工的需要按工种、专业工作队排列，或按施工段和工种混合排列。在编制网络计划时，可根据使用要求灵活选用。

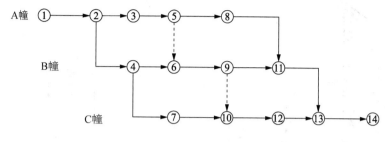

图 3-60　按幢号排列

3.6.2　单位工程施工网络计划的编制

1．编制方法

编制单位工程施工网络计划的方法和步骤与编制单位工程施工进度计划水平图表的方法和步骤基本相同（详见本书第 5 章），但有其特殊性。网络计划要求突出工期，应尽量争取时间、充分利用空间、均衡使用各种资源，按期或提前完成施工任务。

2．五层砖混结构房屋施工网络图示例

某工程为五层三单元混合结构住宅楼，建筑面积 1530m²。采用毛石混凝土墙基、一砖厚承重墙，现浇钢筋混凝土楼板及楼梯，屋面为上人屋面，砌一砖厚、1m 高女儿墙，木门窗，屋面做三毡四油防水层，地面为 60mm 厚的 C10 混凝土垫层、水泥砂浆面层，现浇楼面和楼梯面抹水泥砂浆，内墙面抹石灰砂浆、双飞粉罩面，外墙为干粘石面层、砖砌散水及台阶。

单位工程施工网络图如图 3-61 所示。基础工程分两个施工段，其余工程分层施工，外装修和屋面工程待五层主体工程完工后施工。

图 3-62 为此多层混合结构住宅网络图各项工作时间参数的计算图，总工期为 128 个工作日。

3.6.3　网络计划的控制

网络计划的控制主要包括网络计划的检查和网络计划的调整两个方面。

1．网络计划的检查

网络计划的检查内容主要有关键工作进度、非关键工作进度及时差利用、工作之间的逻辑关系。

对网络计划的检查应定期进行。检查周期的长短应视计划工期的长短和管理的需要而定，一般以天、周、旬、月、季等为周期。在计划执行过程中出现意外情况时，可进行应急检查以便采取应急调整措施。当有必要时，还可进行特别检查。

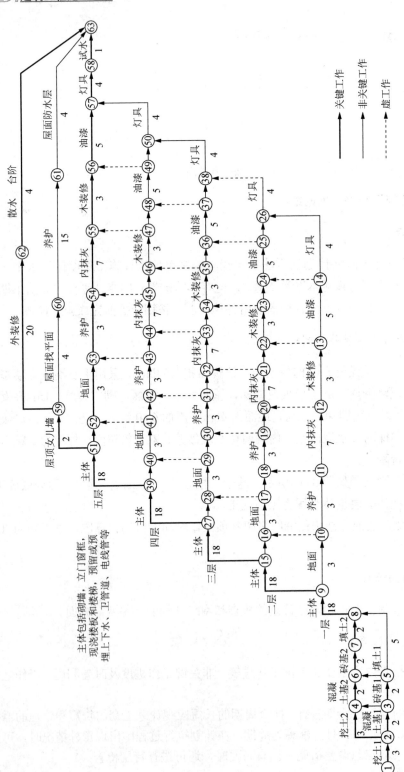

图 3-61 单位工程施工网络图

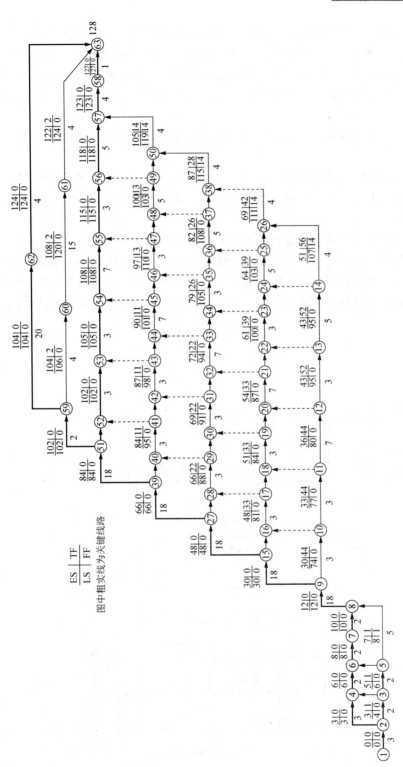

图 3-62　多层混合结构住宅网络图

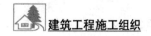

检查网络计划时，首先必须收集网络计划的实际执行情况，并进行记录。

当采用时标网络计划时，可采用实际进度前锋线（简称前锋线）记录计划执行情况。前锋线应自上而下地从计划检查时的时间刻度线出发，用点画线依次连接各项工作的前锋线，直至到达计划检查时的时间刻度线为止。前锋线可用彩色笔标画，相邻的前锋线可采用不同的颜色。

当采用无时标网络计划时，可采用直接在图上用文字或适当符号记录、列表记录等记录方式。

例如，已知网络计划如图 3-63 所示，在第 5 天检查计划执行情况时，发现 A 已完成，B 已工作 1d，C 已工作 2d，D 尚未开始，据此绘制带前锋线的时标网络图，如图 3-64 所示。

网络计划检查后应列表反映检查结果及情况判断，以便对计划执行情况进行分析判断，为计划的调整提供依据。一般宜利用前锋线，分析计划的执行情况及其发展趋势，对未来的进度情况做出预测判断，找出偏离计划目标的原因及可供挖掘的潜力所在。

例如，根据图 3-64 所示的检查情况，可列出该网络计划检查结果分析表，如表 3-13 所示。

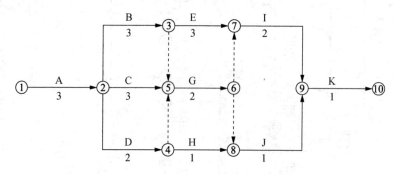

图 3-63 初始网络计划

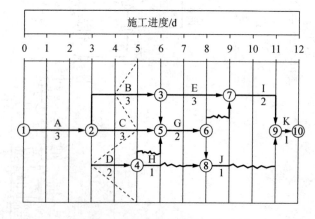

图 3-64 带前锋线的时标网络计划

表 3-13　网络计划检查结果分析表

工作代号	工作名称	检查计划时尚需作业天数/d	到计划最迟完成时尚有天数/d	原有总时差/d	尚有总时差	情况判断
2—3	B	2	1	0	−1	影响工期 1d
2—5	C	1	2	1	1	正常
2—4	D	2	2	2	0	正常

表 3-13 中，"检查计划时尚需作业天数"等于工作的持续时间减去该工作已进行的天数，"到计划最迟完成时尚有天数"等于该工作的最迟完成时间减去检查时间，"尚有总时差"等于"到计划最迟完成时尚有天数"减去"检查计划时尚需作业天数"。

在表 3-13 中，"情况判断"栏中填入是否影响工期。如尚有总时差不小于 0，则不会影响工期，在表中填"正常"；如尚有总时差小于 0，则会影响工期，在表中填明影响工期几天，以便在下一步中调整。

2. 网络计划的调整

网络计划的调整时间一般应与网络计划的检查时间一致，根据计划检查结果可进行定期调整或在必要时进行应急调整、特别调整等，一般以定期调整为主。

网络计划的调整内容主要有关键线路长度的调整，非关键工作时差的调整，增、减工作项目，调整逻辑关系，重新估计某些工作的持续时间，对资源的投入做局部调整。

（1）关键线路长度的调整

关键线路长度的调整可针对不同情况选用不同的调整方法。

1）当关键线路的实际进度比计划进度提前时，若不需要缩短工期，则应选择资源占用量大或直接费用高的后续关键工作，适当延长其持续时间以降低资源强度或费用；若要提前完成计划，则应将计划的未完成部分作为一个新计划，重新进行调整，按新计划指导计划的执行。

2）当关键线路的实际进度比计划进度落后时，应在未完成关键线路中选择资源强度小或费用率低的关键工作，缩短其持续时间，并把计划的未完成部分作为一个新计划，按工期优化的方法对它进行调整。

如图 3-63 所示的网络计划，第 5 天用前锋线检查结果如图 3-64 所示，检查结果分析表如表 3-13 所示，发现会影响工期 1d，现按工期优化的方法对其进行如下调整：

首先绘制检查后的网络计划。此网络计划可从检查计划以后的第 2 天开始，如本例从第 6 天开始。因为前面天数已经执行，故可不绘出。本例从第 6 天开始的网络计划如图 3-65 所示，拖延工期 1d。

然后根据图 3-65，按工期优化的方法进行调整。现将关键线路中持续时间较多的关键工作 E 从 3d 调整为 2d，得出原要求工期完成的网络计划，如图 3-66 所示。

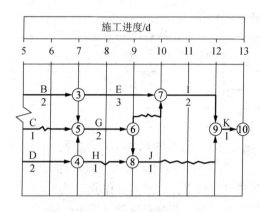

图 3-65　从第 6 天开始的网络计划

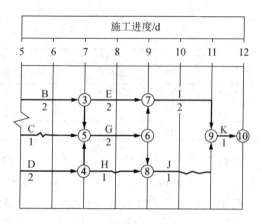

图 3-66　调整后网络计划

（2）关键工作时差的调整

关键工作时差的调整应在时差的范围内进行，以便充分地利用资源、降低成本或满足施工的需要。每次调整均必须重新计算时间参数，观察调整对计划全局的影响。非关键工作时差的调整方法一般有 3 种：①将工作在其最早开始时间和最迟完成范围内移动；②延长工作持续时间；③缩短工作持续时间。

（3）其他方面的调整

1）增、减工作项目。增、减工作项目时，不能打乱原网络计划总的逻辑关系，只能对局部逻辑关系进行调整；应重新计算时间参数，分析对原网络计划的影响，必要时采取措施以保证计划工期不变。

2）调整逻辑关系。逻辑关系的调整只有当实际情况要求改变施工方法或组织方法时才能进行。调整时应避免影响原定计划工期和其他工作的顺利进行。

3）重新估计某些工作的持续时间。当发现某些工作的原计划持续时间有误或实现条件不充分时，应重新估算其持续时间，并重新计算时间参数。

4）对资源的投放做局部调整。当资源供应发生异常情况时，应采用资源优化方法对计划进行调整或采取应急措施，使其对工期的影响最小。

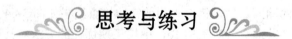

思考与练习

一、思考题

1．网络计划技术在建筑工程计划管理中的基本原理是什么？

2．什么是单代号网络图？什么是双代号网络图？

3．网络计划有何优点？

4．组成双代号网络图的三个要素是什么？试述各要素的含义和特征。

5．什么是虚箭线？它在双代号网络图中起什么作用？

6．什么是逻辑关系？网络计划有哪两种逻辑关系？二者有何区别？

7．绘制双代号网络图必须遵守哪些绘图规则？

8．施工网络计划有哪几种排列方法？各种排列方法有何特点？

9．计算网络计划的时间参数有何意义？一般网络计划要计算哪些时间参数？

10．试述工作总时差和工作自由时差的含义。

11．什么是关键工作？什么是关键线路？它们在网络图中如何表示？

12．单代号网络图的绘制规则有哪些？

13．网络计划的优化有哪些内容？工期如何优化？

14．试述费用优化的基本步骤。

15．试述资源优化的基本方法和步骤。

16．为什么要对网络计划进行控制？试述其控制的内容及方法。

二、练习题

1．设某分部工程包括 A、B、C、D、E、F 共 6 个分项工程，各工序的相互关系：①A 完成后，B 和 C 可同时开始；②B 完成后 D 才能开始；③E 在 C 后开始；④在 F 开始前，E 和 D 都必须完成。试绘制其双代号网络图和单代号网络图。若 E 改为待 B 和 C 都结束后才能开始，其余均不变，其双代号网络图和单代号网络图又应如何绘制？

2．若有 A、B、C 三道工序相继施工，再拟将工序 B 分为三组（B$_1$、B$_2$、B$_3$）同时并进。试用双代号网络图表示上述施工计划。

3．绘出下列各工序的双代号网络图。

（1）工序 C 和 D 都紧跟在工序 A 的后面。

（2）工序 E 紧跟在工序 C 的后面，工序 F 紧跟在工序 D 的后面。

（3）工序 B 紧跟在工序 E 和 F 的后面。

4．已知网络图的资料如表 3-14 所示。试绘出其双代号网络图和单代号网络图。

表 3-14　某网络图的资料

工作	A	B	C	D	E	G	H	I	J
紧后工作	E	H、A	J、G	H、I、J	—	H、A	—	—	—

5．将图 3-67 所示的双代号网络图改成单代号网络图。

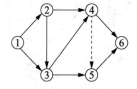

图 3-67　双代号网络图

6. 将图 3-68 所示的各单代号网络图改为双代号网络图。

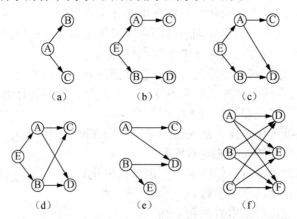

图 3-68　单代号网络图

7. 已知网络图的资料如表 3-15 所示。试绘制其双代号网络图和单代号网络图。

表 3-15　某网络图资料

工作	A	B	C	D	E	G	H	M	N	Q
紧前工作	—	—	—	—	B、C、D	A、B、C	G	H	H	M、N

8. 已知某基础工程施工顺序有挖基槽 A、砌毛石基础 B、地圈梁 C、回填土 D 共 4 个施工过程，划分为两个施工段施工。试绘制其双代号网络图。

9. 根据表 3-16 所示的资料，绘制其双代号网络图，计算完成任务需要的总工期，用双箭线标明关键线路。

表 3-16　某工程资料

施工过程	A	B	C	D	E	F	G	H	L
紧前工作	—	A	B	B	B	C、D	C、E	F、G	H
延续时间/d	1	3	1	6	2	4	2	4	8

10. 用图上计算法计算图 3-69 所示网络计划的时间参数，并确定工期和关键线路。

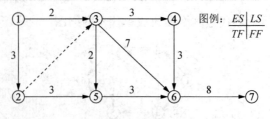

图 3-69　第 10 题图

11. 用图上计算法计算图 3-70 所示网络计划的时间参数，并确定工期和关键线路。

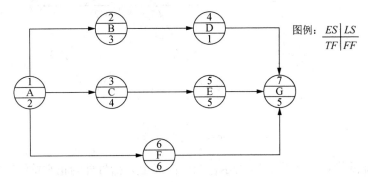

图例：

$$\frac{ES \mid LS}{TF \mid FF}$$

图 3-70　第 11 题图

12. 用图上计算法计算图 3-71 所示网络计划的时间参数，并确定关键线路和总工期。

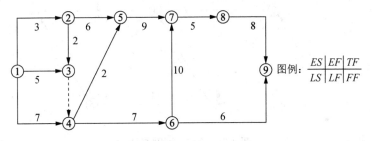

图例：

$$\frac{ES \mid EF \mid TF}{LS \mid LF \mid FF}$$

图 3-71　第 12 题图

13. 某网络计划的资料如表 3-17 所示。试绘制时标网络计划，并确定关键线路，用双箭线将其标示在网络计划上，并确定和列式计算工作 E 的 6 个主要时间参数。如开工日期为 4 月 24 日（星期二），每周休息两天，国家规定的节假日也应休息，试列出该网络计划的有 6 个主要时间参数的日历形象进度表。

表 3-17　某网络计划的资料

工作	A	B	C	D	E	G	H	I	J	K
持续时间	2	3	5	2	3	3	2	3	6	2
紧前工作	—	A	A	B	B	D	G	E、H	C、E、G	H、I

14. 已知网络计划如图 3-72 所示，箭头下方括号外为正常持续时间，括号内为最短期持续时间，箭线上方括号内为优先选择系数。要求目标工期为 12d。试对其进行工期优化。

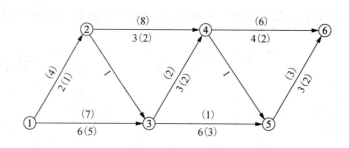

图 3-72　网络计划

15. 已知网络计划如图 3-73 所示,图中箭线上方括号外为正常持续时间直接费用,括号内为最短持续时间直接费用,箭线下方括号外为正常持续时间,括号内为最短持续时间,费用单位为千元,时间单位为 d,间接费率为 0.8 千元/d。试对其进行费用优化。

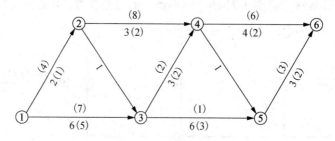

图 3-73　第 15 题网络计划

16. 根据图 3-74 所示的网络图,进行资源有限-工期最短的优化。假定每天可能供应的资源数量为常数(10 个单位)。图中箭线上方△内的数据表示该工作每天的资源需用量,箭线下方的数据为该工作持续时间。

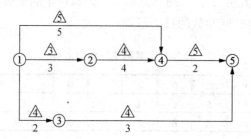

图 3-74　第 16 题网络图

第4章

施工准备工作

本章主要介绍施工准备工作的意义，施工准备工作的分类、内容和要求。本章重点为施工准备工作的主要内容、各项准备工作的重点。

4.1 施工准备工作概述

4.1.1 施工准备工作的意义

施工准备工作是为了保证工程的顺利开工和施工活动正常进行所必须事先做好的各项准备工作。它是生产经营管理的重要组成部分，是施工程序中重要的一环。做好施工准备工作具有以下的意义：

1. 全面完成施工任务的必要条件

工程施工不仅需要消耗大量人力、物力、财力，而且会遇到各式各样复杂的技术问题、协作配合问题等。对于这样一项复杂而庞大的系统工程，在事先缺乏充分的统筹安排，必然使施工过程陷于被动，施工无法正常进行。由此可见，做好施工准备工作既可为整个工程的施工打下基础，又可为各个分部（分项）工程的施工创造先决条件。

2. 降低工程成本，提高企业经济效益的有力保证

认真细致地做好施工准备工作能充分发挥各方面的积极因素、合理组织各种资源，有效加快施工进度，提高工程质量，降低工程成本，实现文明施工，保证施工安全，从而提高经济效益，为企业赢得社会信誉。

3. 取得施工主动权，降低施工风险的有力保障

生产建筑产品投入的生产要素多且易变，影响因素多且预见性差，可能遇到很大的风险。只有充分做好施工准备工作，采取预防措施，增强应变能力，才能有效地降低风险损失。

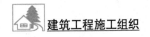

4. 遵循建筑施工程序的重要体现

建筑工程产品的生产有其科学的技术规律和市场经济规律,基本建设工程项目的总程序是按照规划、设计和施工等几个阶段进行的,施工阶段又分为施工准备、土建施工、设备安装和交工验收阶段。由此可见,施工准备是基本建设施工的重要阶段之一。

建筑产品及其生产的特点决定施工准备工作的好坏,将直接影响建筑产品生产的全过程。实践证明,凡是重视施工准备工作,积极为拟建工程创造一切良好施工条件的,其工程的施工就会顺利地进行;凡是不重视施工准备工作的,其工程的施工将会处处被动,给工程的施工带来麻烦和重大损失。

4.1.2 施工准备工作的分类和内容

1. 分类

(1)按施工准备工作的对象分类

1)施工总准备:以整个建设项目为对象而进行的,需要统一部署的各项施工准备。其特点是施工准备工作为整个建设项目的顺利施工创造有利条件,既为全场性的施工做好准备,又兼顾了单位工程施工条件的准备。

2)单位工程施工准备:以单位工程为对象而进行的施工条件的准备工作。其特点是它的准备工作的目的、内容是为单位工程施工服务的。它不仅要为单位工程在开工前做好一切准备,而且要为分部(分项)工程做好施工准备工作。

3)分部(分项)工程作业条件的准备:以某分部(分项)工程为对象而进行的作业条件的准备。

4)季节性施工准备:为冬期、雨期施工创造条件的施工准备工作。

(2)按拟建工程所处施工阶段分类

1)开工前施工准备:拟建工程正式开工之前所进行的一切施工准备工作。其目的是为工程正式开工创造必要的施工条件,它带有全局性和总体性。

2)工程作业条件的施工准备:它是在拟建工程开工以后,在每一个分部(分项)工程施工之前所进行的一切施工准备工作。其目的是为各分部(分项)工程的顺利施工创造必要的施工条件,它带有局部性和经常性。

综上所述,不仅在拟建工程开工之前要做好施工准备工作,而且随着工程施工的进展,在各施工阶段开工之前也要做好施工准备工作。施工准备工作既要有阶段性,又要有连续性。因此,施工准备工作必须有计划、有步骤、分期和分阶段地进行,要贯穿拟建工程的整个建造过程。

2. 内容

施工准备工作涉及的范围广、内容多，应视该工程本身及其具备的条件的不同而不同，一般可归纳为以下 6 个方面：

1）原始资料收集。

2）技术资料准备。

3）施工现场准备。

4）生产资料准备。

5）施工现场人员准备。

6）冬期、雨期施工准备。

4.1.3 施工准备工作的要求

1. 编制施工准备工作计划

为了有步骤、有安排、有组织、全面地搞好施工准备工作，在进行施工准备之前，应编制好施工准备工作计划。其形式如表 4-1 所示。

表 4-1 施工准备工作计划表

序号	项目	施工准备工作内容	要求	负责单位	负责人	配合单位	起止时间		备注
							月 日	月 日	
1									
2									

施工准备工作计划是施工组织设计的重要组成部分，应依据施工方案、施工进度计划、资源需用量等进行编制。除了用上述表格编制计划外，还可采用网络计划进行编制，以明确各项准备工作之间的关系并找出关键工作，并且可在网络计划上进行施工准备期的调整。

2. 建立严格的施工准备工作责任制

施工准备工作必须有严格的责任制，按施工准备工作计划将责任落实到有关部门和具体人员，项目经理全权负责整个项目的施工准备工作，对准备工作进行统一布置和安排，协调各方面关系，以便按计划要求及时、全面地完成准备工作。

3. 建立施工准备工作检查制度

施工准备工作不仅要有明确的分工和责任，而且要有布置、交底，在实施过程中还要定期检查。其目的在于督促和控制，通过检查发现问题和薄弱环节，并进行分析，找出原因，及时解决问题，不断协调和调整计划，把工作落到实处。

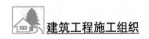

4. 严格遵守建设程序,执行开工报告制度

施工单位必须遵循基本建设程序,坚持没有做好施工准备不准开工的原则。施工准备工作的各项内容已完成,满足开工条件,并已办理施工许可证,项目经理部应编制开工报告,报上级批准后才能开工。实行监理的工程,还应将开工报告送监理工程师审批,由监理工程师签发开工通知书。单位工程开工报告示例如图4-1所示。

单位工程开工报告

申报单位:　　　年　月　日　　第××号

工程名称		建筑面积	
结构类型		工程造价	
建设单位		监理单位	
施工单位		技术负责人	
申请开工日期	年　月　日	计划竣工日期	

序号	单位工程开工的基本条件	完成情况
1	施工图纸已会审,图纸中存在的问题和错误已得到纠正	
2	施工组织设计或施工方案已经批准并进行了交底	
3	场内场地平整和障碍物的清除工作已基本完成	
4	场内外交通道路,施工用水、用电、排水已能满足施工要求	
5	材料、半成品和工艺设计等,均能满足连续施工的要求	
6	生产和生活用的临建设施已搭建完毕	
7	施工机械、设备已进场,并经过检验能保证连续施工的要求	
8	施工图预算和施工预算已经编审,并已签订工作合同协议	
9	劳动力已落实,劳动组织机构已建立	
10	已办理了施工许可证	

施工单位上级主管 部门意见 (签章) 年　月　日	建设单位意见 年　月　日	质监站意见 年　月　日	监理意见 年　月　日

图4-1　单位工程开工报告示例

5. 处理好各方面的关系

若要保证施工准备工作的顺利实施,必须使多工种、多专业的准备工作统筹协调配合。施工单位要取得建设单位、设计单位、监理单位及有关单位的大力支持与协作,使准备工作深入、有效地实施,就要处理好以下几个方面的关系:

（1）建设单位准备与施工单位准备相结合

为保证施工准备工作全面完成，不出现漏洞或职责推诿的情况，应明确划分建设单位和施工单位准备工作的范围、职责及完成时间，并在实施过程中，及时沟通、相互配合，保证施工准备工作的顺利完成。

（2）前期准备与后期准备相结合

施工准备工作有些是开工前必须做的，有些是在开工之后交叉进行的，因此既要立足于前期准备工作，又要着眼于后期准备工作，两者均不能偏废。

（3）室内准备与室外准备相结合

室内准备工作是指工程建设的各种技术经济资料的编制和汇集，室外准备工作是指施工现场和施工活动所必需的技术、经济、物质条件的建立。室内准备与室外准备应同时进行，互相创造条件。室内准备工作对室外准备工作有指导作用，室外准备工作对室内准备工作有促进作用。

（4）现场准备与加工预制准备相结合

在现场准备的同时，对大批预制加工构件应提出供应进度要求，并委托生产，对一些大型构件应进行技术、经济分析，及时确定是现场预制，还是加工厂预制。构件加工还应考虑现场的存放能力及使用要求。

（5）土建工程与安装工程相结合

土建施工单位在拟定出施工准备工作规划后，要及时与其他专业工程及供应部门相结合，研究总包与分包之间综合施工、协作配合的关系，然后各自进行施工准备工作，相互提供施工条件，有问题及早提出，以便采取有效措施，促进各方面准备工作的进行。

（6）班组准备与工地总体准备相结合

在各班组做施工准备工作时，必须与工地总体准备相结合，要结合图纸交底及施工组织设计的要求，熟悉有关的技术规范、规程，使各工种之间衔接配合，力争连续、均衡地施工。班组作业的准备工作包括如下内容：

① 进行计划和技术交底，下达工程任务书。

② 施工机具保养和就位。

③ 施工所需的材料、构配件经质量检查合格后，供应到施工地点。

④ 具体布置操作场地，创造操作环境。

⑤ 检查前一工序的质量，做好标高与轴线的控制。

4.2　原始资料收集

调查研究和收集有关施工资料是施工准备工作的重要内容之一。尤其是当施工单位进入一个新的城市和地区时，此项工作就显得更加重要，它关系到施工单位全局的部署

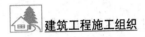

与安排。通过原始资料的收集分析,可以为编制出合理的、符合客观实际的施工组织设计文件提供全面、系统、科学的依据,为图纸会审、编制施工图预算和施工预算提供依据,为施工企业管理人员进行经营管理决策提供可靠的依据。

4.2.1 收集给水排水、供电等资料

水、电和蒸汽是施工不可缺少的条件。水、电、蒸汽条件调查表如表 4-2 所示。其资料来源主要是当地城市建设、电业、电信等管理部门和建设单位,是选用施工用水、用电和供热、供汽方式的依据。

表 4-2 水、电、蒸汽条件调查表

序号	项目	调查内容	调查目的
1	供水排水	1)工地用水与当地现有水源连接的可能性,可供水量、接管地点、管径、材料、埋深、水压、水质及水费;至工地距离,沿途地形地物状况; 2)自选临时江河水源的水质、水量、取水方式,至工地距离,沿途地形地物状况;自选临时水井的位置、深度、管径、出水量和水质; 3)利用永久性排水设施的可能性,施工排水的去向、距离和坡度;有无洪水影响,防洪设施状况	1)确定生活、生产供水方案; 2)确定工地排水方案和防洪方案; 3)拟定供排水设施的施工进度计划
2	供电电信	1)当地电源位置,引入的可能性,可供电的容量、电压、导线截面和电费;引入方向,接线地点及其至工地距离,沿途地形地物状况; 2)建设单位和施工单位自有的发、变电设备的型号、台数和容量; 3)利用邻近电信设施的可能性,电话、电报局等至工地的距离,可能增设电信设备、线路的情况	1)确定供电方案; 2)确定通信方案; 3)拟定供电、通信设施的施工进度计划
3	供汽供热	1)蒸汽来源,可供蒸汽量,接管地点、管径、埋深,至工地距离,沿途地形地物状况;蒸汽价格; 2)建设、施工单位自有锅炉的型号、台数和能力,所需燃料及水质标准; 3)当地或建设单位可能提供的压缩空气、氧气的能力,至工地距离	1)确定生产、生活用气的方案; 2)确定压缩空气、氧气的供应计划

4.2.2 收集交通运输资料

建筑施工中,常用铁路、公路和航运 3 种主要交通运输方式。交通运输条件调查表如表 4-3 所示。其资料来源主要是当地铁路、公路、水运和航运管理部门,是决定选用材料和设备的运输方式、组织运输业务的依据。

表 4-3 交通运输条件调查表

序号	项目	调查内容	调查目的
1	铁路	1)邻近铁路专用线、车站至工地的距离及沿途运输条件; 2)站场卸货线长度,起重能力和存储能力; 3)装卸单个货物的最大尺寸、重量的限制	选择运输方式,拟定运输计划
2	公路	1)主要材料产地至工地的公路等级、路面构造、路宽及完好情况,允许最大载重量;途经桥涵等级、允许最大尺寸、最大载重量;	

续表

序号	项目	调查内容	调查目的
2	公路	2）当地专业运输机构及附近村镇能提供的装卸、运输能力、运输工具的数量及运输效率，运费、装卸费； 3）当地有无汽车修配厂、修配能力和至工地距离	选择运输方式，拟定运输计划
3	航运	1）货源、工地至邻近河流、码头渡口的距离，道路情况； 2）洪水、平水、枯水期时，通航的最大船只及吨位，取得船只的可能性； 3）码头装卸能力，最大起重量，增设码头的可能性； 4）渡口的渡船能力，同时可载汽车数、每日次数，为施工提供能力； 5）运费、渡口费、装卸费	

4.2.3　收集建筑材料资料

建筑工程要消耗大量的材料，主要有钢材、木材、水泥、地方材料（砖、砂、灰、石）、装饰材料、构件制作、商品混凝土、建筑机械等。其内容如表 4-4 和表 4-5 所示。其资料来源主要是当地主管部门和建设单位及各建材生产厂家、供货商，主要作用是为选择建筑材料和施工机械提供依据。

表 4-4　地方资源调查表

序号	材料名称	产地	储藏量	质量	开采量	出厂价	供应能力	运输距离	单位运价
1									
2									
⋮									

表 4-5　三种材料、特殊材料和主要设备调查表

序号	项目	调查内容	调查目的
1	三种材料	1）钢材订货的规格、型号、数量和到货时间； 2）木材订货的规格、等级、数量和到货时间； 3）水泥订货的品种、标号、数量和到货时间	1）确定临时设施和堆放场地； 2）确定木材加工计划； 3）确定水泥存储方式
2	特殊材料	1）需要的品种、规格、数量； 2）试制、加工和供应情况	1）制订供应计划； 2）确定存储方式
3	主要设备	1）主要工艺设备的名称、规格、数量和供货单位； 2）供应时间、分批和全部到货时间	1）确定临时设施和堆放场地； 2）拟定防雨措施

4.2.4　社会劳动力和生活条件调查

建筑施工是劳动密集型的生产活动。社会劳动力是建筑施工劳动力的主要来源。社会劳动力和生活条件调查表如表 4-6 所示。其资料来源是当地劳动、商业、卫生和教育主管部门，主要作用是为劳动力安排计划、布置临时设施和确定施工力量提供依据。

表 4-6 社会劳动力和生活条件调查表

序号	项目	调查内容	调查目的
1	社会劳动力	1) 少数民族地区的风俗习惯； 2) 当地能支援的劳动力人数、技术水平和来源； 3) 上述人员的生活安排	1) 拟定劳动力计划； 2) 安排临时设施
2	房屋设施	1) 必须在工地居住的单身人数和户数； 2) 能作为施工用的现有的房屋栋数、每栋面积、结构特征、总面积、位置、水、暖、电、卫生设备状况； 3) 上述建筑物的适宜用途，作为宿舍、食堂、办公室的可能性	1) 确定原有房屋为施工服务的可能性； 2) 安排临时设施
3	生活服务	1) 主副食品供应、日用品供应、文化教育、消防治安等机构能为施工提供的支援能力； 2) 邻近医疗单位至工地的距离，可能就医的情况； 3) 周围是否存在有害气体污染情况，有无地方病	安排职工生活基地

4.2.5 自然条件调查

自然条件调查的主要内容有建设地点的气象，工程地形、地质，工程水文地质等如表 4-7 所示。其资料来源主要是气象部门及设计单位，主要作用是为确定施工方法和技术措施、编制施工进度计划和设计施工平面图提供依据。

表 4-7 自然条件调查表

序号	项目	调查内容	调查目的
(一) 气象			
1	气温	1) 年平均温度、最高温度、最低温度，以及最冷、最热月份的逐月平均温度； 2) 冬季、夏季室外计算温度	1) 确定防暑降温的措施； 2) 确定冬期施工措施； 3) 估计混凝土、砂浆强度
2	雨(雪)	1) 雨期起止时间； 2) 月平均降雨(雪)量、最大降雨(雪)量、一昼夜最大降雨(雪)量； 3) 全年雷暴日数	1) 确定雨期施工措施； 2) 确定工地排水、防洪方案； 3) 确定防雷设施
3	风	1) 主导风向及频率(风玫瑰图)； 2) 不小于 8 级风的全年天数、时间	1) 确定临时设施的布置方案； 2) 确定高空作业及吊装的技术安全措施
(二) 工程地形、地质			
1	地形	1) 区域地形图：1/25000～1/10000； 2) 工程位置地形图：1/2000～1/1000； 3) 该地区城市规划图； 4) 经纬坐标桩、水准基桩的位置	1) 选择施工用地； 2) 布置施工总平面图； 3) 场地平整及土方量计算； 4) 了解障碍物及其数量
2	地质	1) 钻孔布置图； 2) 地质剖面图：土层类别、厚度； 3) 物理力学指标：天然含水率、孔隙比、塑性指数、渗透系数、压缩试验及地基土强度	1) 土方施工方法的选择； 2) 地基土的处理方法； 3) 基础施工方法； 4) 复核地基基础设计； 5) 拟定障碍物拆除计划

续表

序号	项目	调查内容	调查目的
（二）工程地形、地质			
2	地质	4）地层的稳定性：断层滑块、流沙； 5）最大冻结深度； 6）地基土破坏情况：枯井、古墓、防空洞及地下构筑物等	
3	地震	地震等级、烈度大小	确定对基础影响、注意事项
（三）工程水文地质			
1	地下水	1）最高、最低水位及时间； 2）水的流向、流速及流量； 3）水质（水的化学成分）分析； 4）抽水试验	1）基础施工方案的选择； 2）降低地下水的方法； 3）拟定防止侵蚀性介质的措施
2	地面水	1）临近江河湖泊距工地的距离； 2）洪水、平水、枯水期的水位、流量及航道深度； 3）水质分析； 4）最大、最小冻结深度及冻结时间	1）确定临时给水方案； 2）确定运输方式； 3）确定水工程施工方案； 4）确定防洪方案

4.3　技术资料准备

技术资料准备是施工准备工作的核心，是现场施工准备工作的基础。由于任何技术的差错或隐患都可能导致人身安全和质量事故，造成生命、财产和经济的巨大损失，因此必须认真地做好技术准备工作。其主要内容包括熟悉与会审图纸、编制施工组织设计、编制施工图预算和施工预算。

4.3.1　熟悉与会审图纸

1. 熟悉与会审图纸的目的

1）能够在工程开工之前，使工程技术人员充分了解和掌握图纸的设计意图、结构与构造特点和技术要求。

2）通过审查发现图纸中存在的问题和错误并改正，为工程施工提供一份准确、齐全的设计图纸。

3）保证能按设计图纸的要求顺利施工、生产出符合设计要求的最终建筑产品。

2. 熟悉图纸及其他设计技术资料的重点

（1）基础及地下室部分

1）核对建筑、结构、设备施工图中关于基础留口、留洞的位置及标高的相互关系

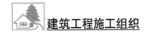

是否处理恰当。

2）给水及排水的去向，防水体系的做法及要求。

3）特殊基础做法，变形缝及人防出口的做法。

（2）主体结构部分

1）定位轴线的布置及其与承重结构的位置关系。

2）各层所用材料是否有变化。

3）各种构配件的构造及做法。

4）采用的标准图集有无特殊变化和要求。

（3）装饰部分

1）装修与结构施工的关系。

2）变形缝的做法及防水处理的特殊要求。

3）防火、保温、隔热、防尘、高级装修的类型及技术要求。

3. 审查图纸及其他设计技术资料的内容

1）设计图纸是否符合国家有关规划、技术规范要求。

2）核对设计图纸及说明书是否完整、明确，设计图纸与说明等其他各组成部分之间有无矛盾和错误，内容是否一致，有无遗漏。

3）总图的建筑物坐标位置与单位工程建筑平面图是否一致。

4）核对主要轴线、几何尺寸、坐标、标高、说明等是否一致，有无错误和遗漏。

5）基础设计与实际地质是否相符，建筑物与地下构造物及管线之间有无矛盾。

6）主体建筑材料在各部分有无变化，各部分的构造做法。

7）建筑施工与安装在配合上存在哪些技术问题，能否合理解决。

8）设计中所选用的各种材料、配件、构件等能否满足设计规定的需要。

9）工程中采用的新工艺、新结构、新材料的施工技术要求及技术措施。

10）针对设计技术资料的合理化建议及其他问题。

审查图纸的程序通常分为自审、会审和现场签证3个阶段。

自审是施工企业组织技术人员熟悉和自审图纸，自审记录包括对设计图纸的疑问和有关建议。

会审是由建筑单位主持、设计单位和施工单位参加，先由设计单位进行图纸技术交底，各方面提出意见，经充分协商后，统一认识形成图纸会审纪要，由建设单位正式行文，参加单位共同会签、盖章，作为设计图纸的修改文件。

现场签证是在工程施工过程中，发现施工条件与设计图纸的条件不符，或图纸仍有错误，或因材料的规格、质量不能满足设计要求等问题，需要对设计图纸进行及时修改，应遵循设计变更的签证制度，进行图纸的施工现场签证。一般问题，经设计单位同意即可办理手续进行修改。重大问题，须经建设单位、设计单位和施工单位共同协商，由设计单位修改，向施工单位签发设计变更单，方可有效。

4．熟悉技术规范、规程和有关技术规定

技术规范、规程是国家制定的建设法规，是实践经验的总结，在技术管理上具有法律效用。建筑施工中常用的技术规范、规程如下：

1）建筑安装工程质量检验评定标准。

2）施工操作规程。

3）建筑工程施工及验收规范。

4）设备维护及维修规程。

5）安全技术规程。

6）上级技术部门颁发的其他技术规范和规定。

4.3.2　编制施工组织设计

施工组织设计是指导施工现场全部生产活动的技术经济文件。它既是施工准备工作的重要组成部分，又是做好其他施工准备工作的依据；既要符合体现建设计划和设计的要求，又要符合施工活动的客观规律，对建设项目的全过程起到战略部署和战术安排的双重作用。

建筑产品的特点及建筑施工的特点决定了建筑工程种类繁多、施工方法多变，没有一个通用的、一成不变的施工方法。每个建筑工程项目都需要分别确定施工组织方法，并将其作为组织和指导施工的重要依据。

4.3.3　编制施工图预算和施工预算

施工图预算是技术准备工作的主要组成部分之一，它是按照施工图确定的工程量，施工组织设计所拟定的施工方法，建筑工程预算定额及其取费标准，由施工单位主持，在拟建工程开工前的施工准备工作期所编制的，确定建筑安装工程造价的经济文件。其是施工企业签订工程承包合同、工程结算、银行拨发贷款，进行企业经济核算的依据。

施工预算是根据施工图预算、施工图纸、施工组织设计或施工方案、施工定额等文件，综合企业和工程实际情况所编制的，在工程确定承包关系以后进行。它是企业内部经济核算和班组承包的依据，是企业内部使用的一种预算。

施工图预算与施工预算存在很大区别：施工图预算是甲乙双方确定预算造价、发生经济联系的技术经济文件；施工预算是施工企业内部经济核算的依据。将两者进行对比是促进施工企业降低物资消耗，增加积累的重要手段。

4.4　施工现场准备

施工现场准备又称室外准备，它主要为工程施工创造有利的施工条件。施工现场准

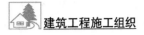
备按施工组织设计的要求和安排进行，其主要内容包括现场"三通一平"、测量放线、临时设施的搭设等。

4.4.1 现场"三通一平"

"三通一平"是在建筑工程的用地范围内，接通施工用水、用电、道路和平整场地的总称。工程实际的需要往往不止水通、电通、路通，有些工地上还要求有"热通"（供蒸汽）、"气通"（供煤气）、"话通"（通电话）等，但最基本的还是"三通"。

1. 通水

施工现场的通水包括给水与排水。施工用水包括生产、生活和消防用水，其布置应按施工总平面图的规划进行安排。施工用水设施尽量利用永久性给水线路，临时管线的铺设既要满足用水点的需要且使用方便，又要尽量缩短管线长度。施工现场要做好有组织的排水系统，否则会影响施工的顺利进行。

2. 通电

施工现场的通电包括生产用电和生活用电。根据生产、生活用电的用电量，选择配电变压器，与供电部门或建设单位联系，按施工组织要求布设线路和通电设备。当供电系统供电不足时，应考虑在现场建立发电系统，以保证施工的顺利进行。

3. 修通道路

施工现场的道路是组织大量物资进场的运输动脉，为了保证各种建筑材料、施工机械、生产设备和构件按计划到场，必须按施工总平面图要求修通道路。为了节省工程费用，应尽可能利用已有道路或结合正式工程的永久性道路。为使施工时不损坏路面，可先做路基，施工完毕后再做路面。

4. 平整施工场地

施工场地的平整工作应首先通过测量，按建筑总平面图中确定的标高，计算挖土及填土的数量，再设计土方调配方案，组织人力或机械进行平整工作；若拟建场内有旧建筑物，则须拆迁房屋，同时要清理地面上的各种障碍物，对地下管道、电缆等要采取可靠的拆除或保护措施。

4.4.2 测量放线

测量放线的任务是把图纸上设计好的建筑物、构筑物及管线等测设到地面或实物上，并用各种标志表现出来，作为施工的依据。在土方开挖前，按设计单位提供的总平面图及给定的永久性经纬坐标控制网和水准控制基桩，进行场区施工测量，设置场区永久性坐标、水准基桩，建立场区工程测量控制网。在进行测量放线前，应做好以下几项准备工作：

1）了解设计意图，熟悉并校核施工图纸。

2）对测量仪器进行检验和校正。

3）校核红线桩与水准点。

4）制定测量放线方案。测量放线方案主要包括平面控制、标高控制、±0.000 以下施测、±0.000 以上施测、沉降观测和竣工测量等项目，其方案制定依设计图纸要求和施工方案来确定。

建筑物定位放线是确定整个工程平面位置的关键环节，施测中必须保证精度，杜绝错误。建筑物的定位、放线，一般通过设计图中平面控制轴线来确定建筑物的轮廓位置，经自检合格后，提交有关部门和甲方（监理人员）验线，以保证定位的准确性。沿红线的建筑物，还要由规划部门验线，以防止建筑物超、压红线。

4.4.3 临时设施的搭设

现场所需临时设施应报请规划、市政、消防、交通、环保等有关部门审查批准，按施工组织设计和审查情况来实施。

对于指定的施工用地周界应用围墙（栏）围挡起来，围挡的形式和材料应符合市容管理的有关规定和要求，并在主要出入口设置标牌，标明工程名称、施工单位、工地负责人、监理单位等。

各种生产（仓库、混凝土搅拌站、预制构件厂、机修站、生产作业棚等）、生活（办公室、宿舍、食堂等）用的临时设施，应严格按已批准的施工组织设计规定的数量、标准、面积、位置等组织实施，不得乱搭乱建，并尽可能做到以下几点：

1）利用原有建筑物，减少临时设施的数量，以节省投资。

2）适用、经济、就地取材，尽量采用移动式、装配式临时建筑。

3）节约用地、少占农田。

4.5 生产资料准备

生产资料准备是指工程施工中必需的劳动手段（施工机械、机具等）和劳动对象（材料、构件、配件等）的准备。该项工作应根据施工组织设计的各种资源需用量计划，分别落实货源、组织运输和安排储备，这是工程连续施工的基本保证。

4.5.1 建筑材料的准备

建筑材料的准备包括三材（钢材、木材、水泥）、地方材料（砖、瓦、石灰、砂、石等）、装饰材料（面砖、地砖等）、特殊材料（防腐材料、防射线材料、防爆材料等）

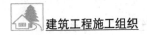

的准备。为保证工程顺利施工，材料准备要求如下：

1. 编制材料需用量计划，签订供货合同

根据预算的工料分析，按施工进度计划的使用要求，将材料储备定额和消耗定额分别按材料名称、规格、使用时间进行汇总，编制材料需用量计划，同时根据不同材料的供应情况，随时注意市场行情，及时组织货源，签订供货合同，保证采购供应计划的准确、可靠。

2. 材料的储备和运输

材料的储备和运输要按工程进度分期、分批进场。现场储备过多会增加保管费用、占用流动资金，储备过少则难以保证施工的连续进行。对于使用量少的材料，应尽可能一次进场。

3. 材料的堆放和保管

现场材料的堆放应按施工平面布置图的位置，以及材料的性质、种类，选取不同的堆放方式，合理堆放，避免材料的混淆及二次搬运；进场后的材料要依据材料的性质妥善保管，避免材料的变质及损坏，以保持材料的原有数量和使用价值。

4.5.2　施工机具和周转材料的准备

施工机具包括施工中所确定选用的各种土方机械、木工机械、钢筋加工机械、混凝土机械、砂浆机械、垂直与水平运输机械、吊装机械等，应根据采用的施工方案和施工进度计划确定施工机械的数量和进场时间，以及施工机具的供应方法和进场后的存放地点和方式，并提出施工机具需用量计划，以便企业内平衡或外签约租借机械。

周转材料的准备主要指模板和脚手架的准备。此类材料施工现场使用量大、堆放场地面积大、规格多、对堆放场地的要求高，应按施工组织设计的要求分规格、型号整齐码放，以便使用和维修。

4.5.3　预制构件和配件的加工准备

工程施工中需要大量的钢筋混凝土构件、木构件、金属构件、水泥制品、塑料制品、卫生洁具等，应在图纸会审后提出预制加工单，确定加工方案、供应渠道及进场后的储备地点和方式。现场预制的大型构件，应依施工组织设计做好规划提前加工预制。

此外，对采用商品混凝土的现浇工程要依施工进度计划要求确定需用量计划。需用量计划的主要内容有商品混凝土的品种、规格、数量、需要时间、送货方式、交货地点，并提前与生产单位签订供货合同，以保证施工顺利进行。

4.6　施工现场人员准备

4.6.1　项目组的组建

项目管理机构建立的原则：根据工程规模、结构特点和复杂程度，确定劳动组织领导机构的编制及人选；坚持合理分工与密切协作相结合的原则；根据因事设职、因职选人的原则，使富有经验和创新精神、工作效率高的人员入选项目管理领导机构。对于一般单位工程可设一名工地负责人，配一定数量的施工员、材料员、质检员、安全员等即可；对于大中型单位工程或群体工程，要配备包括技术、计划等管理人员在内的一套班子。

4.6.2　施工队伍的准备

施工队伍的建立，要考虑工种的合理配合，技工和普工的比例要满足劳动组织的要求，建立混合施工队或专业施工队及其数量，组建施工队组要坚持合理、精干原则，在施工过程中，依工程实际进度需求，动态管理劳动力数量。需外部力量的，可通过签订承包合同或联合其他队伍来共同完成。

1．建立精干的基本施工队组

基本施工队组应根据现有的劳动组织情况、结构特点及施工组织设计的劳动力需用量计划确定。一般有以下几种组织形式：

1）砖混结构的建筑。该类建筑在主体施工阶段，主要是砌筑工程，应以瓦工为主，配合适量的架子工、钢筋工、混凝土工、木工及小型机械工等；装饰阶段以抹灰、油漆工为主，配合适量的木工、电工、管工等。因此以混合施工班组为宜。

2）框架、框架-剪力墙及全现浇结构的建筑。该类建筑主体结构施工主要是钢筋混凝土工程，应以模板工、钢筋工、混凝土工为主，配合适量的瓦工；装饰阶段配备抹灰、油漆工等。因此以专业施工班组为宜。

3）预制装配式结构的建筑。该类建筑的主要施工工作以构件吊装为主，应以吊装起重工为主，配合适量的电焊工、木工、钢筋工、混凝土工、瓦工等，装饰阶段配备抹灰工、油漆工、木工等。因此以专业施工班组为宜。

2．确定优良的专业施工队伍

大中型的工业项目或公用工程内部的机电安装、生产设备安装一般需要专业施工队或生产厂家进行安装和调试，某些分项工程也可能需要机械化施工公司来承担，这些需要外部施工队伍来承担的工作需在施工准备工作中签订承包合同的形式予以明确，落实

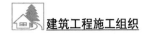

施工队伍。

3. 选择优势互补的外包施工队伍

随着建筑市场的开放，施工单位往往依靠自身的力量难以满足施工需要，因此需联合其他建筑队伍（外包施工队）来共同完成施工任务。施工单位通过考察外包队伍的市场信誉、已完工程质量、确认资质、施工力量水平等来选择外包施工队伍，联合要充分体现优势互补的原则。

4.6.3 施工队伍的教育

施工前，企业要对施工队伍进行劳动纪律、施工质量和安全教育，牢固树立"质量第一""安全第一"的意识。平时企业还应抓好职工、技术人员的培训和技术更新工作，不断提高职工、技术人员的业务技术水平，增强企业的竞争力，对于采用新工艺、新结构、新材料、新技术及使用新设备的工程，应将相关管理人员和操作人员组织起来培训，达到标准后再上岗操作；此外还要加强施工队伍平时的政治思想教育。

4.7 冬期、雨期施工准备

4.7.1 冬期施工准备工作

1. 合理安排冬期施工项目

建筑产品的生产周期长，且多为露天作业，冬期施工条件差、技术要求高，因此在施工组织设计中应合理安排冬期施工项目，尽量保证工程连续施工。一般情况下，应尽量安排费用增加少、易保证质量、对施工条件要求低的项目在冬期施工，如吊装、打桩、室内装修等，而土方、基础、外装修、屋面防水等项目则不宜在冬期施工。

2. 落实各种热源的供应工作

进行冬期施工时，应提前落实供热渠道，准备热源设备，储备和供应冬期施工用的保温材料，做好司炉培训工作。

3. 做好保温防冻工作

1）临时设施的保温防冻：进行给水管道的保温，防止管道冻裂；防止道路积水、积雪成冰，保证运输顺利。

2）工程已完成部分的保温保护：如基础完成后及时回填至基础顶面同一高度，砌完一层墙后及时将楼板安装到位等。

3）冬期要施工部分的保温防冻：如凝结硬化尚未达到强度要求的砂浆、混凝土要及时测温，加强保温，防止其冻结；将要进行的室内施工项目，应先完成供热系统，安装好门窗玻璃等。

4. 加强安全教育

冬期施工时场地内应有防火、安全措施，加强职工安全教育，做好职工培训工作，避免火灾、安全事故的发生。

4.7.2　雨期施工准备工作

1. 合理安排雨期施工项目

在施工组织设计中要充分考虑雨期对施工的影响，一般情况下，雨期到来之前，多安排土方、基础、室外及屋面等不宜在雨期施工的项目，多留一些室内工作在雨期进行，以避免雨期窝工。

2. 做好现场的排水工作

施工现场雨期来临前，应做好排水沟，准备好抽水设备，防止场地积水，最大限度地减少泡水造成的损失。

3. 做好运输道路的维护和物资储备

雨期前检查道路边坡排水，适当提高路面，防止路面凹陷，保证运输道路的畅通，并多储备一些物资，减少雨期运输量，节约施工费用。

4. 做好机具设备等的保护

对现场各种机具、电器、工棚都要加强检查，特别是脚手架、塔式起重机、井架等，要采取防倒塌、防雷击、防漏电等一系列技术措施。

5. 加强施工管理

认真编制雨期施工的安全措施，加强职工安全教育，防止各种事故的发生。

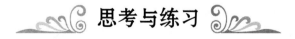

思考与练习

一、思考题

1．施工准备工作的意义何在？

2．简述施工准备工作的种类和主要内容。

3．原始资料收集包括哪些主要内容？

4．审查图纸要掌握哪些重点？包括哪些内容？

5．施工现场准备包括哪些主要内容？

6．生产资料准备包括哪些主要内容？

7．施工现场人员准备包括哪些主要内容？

8．试收集某一建筑工地建筑材料的资料。

9．研究某一建筑工地施工现场人员的配合情况，并分析其合理性。

10．冬期、雨期施工准备工作应如何进行？

二、练习题

1．单项选择题。

（1）以一个建筑物或构筑物为对象而进行的各项施工准备称为（　　　）。

  A．全场性施工准备   B．单位工程施工准备

  C．分部工程作业条件准备   D．施工总准备

（2）施工准备工作的核心是（　　　）。

  A．调查研究与收集资料   B．资料准备

  C．技术资料准备   D．施工现场准备

（3）技术资料准备的内容不包括（　　　）。

  A．编制施工预算   B．熟悉和会审图纸

  C．编制标后施工组织设计   D．编制技术组织施工

2．多项选择题。

（1）施工准备工作的内容包括调查研究与收集资料、季节性施工准备及（　　　）。

  A．技术资料准备   B．资金准备

  C．资源准备   D．物资准备

  E．施工现场准备

（2）技术资料准备的主要内容包括（　　　）。

  A．原始资料的调查分析   B．熟悉与会审图纸

  C．编制标后施工组织设计   D．编制施工图预算

  E．编制施工预算

（3）施工单位现场准备工作的内容包括（　　　）。

  A．确定水准点   B．七通一平

  C．建立测量控制网   D．水电通信线路的引入

  E．搭设临时设施

3．判断题。

（1）施工准备工作的检查方法常采用实际与计划对比法。   （　　　）

（2）施工准备工作不仅要在开工前集中进行，而且要贯穿在整个施工过程中。

（　　）

（3）调查研究与收集资料是施工准备工作的内容之一。　　　　　（　　）

（4）资料准备就是指施工物资准备。　　　　　　　　　　　　　（　　）

（5）施工现场准备工作全部由施工单位负责完成。　　　　　　　（　　）

第5章

单位工程施工组织设计

本章主要介绍单位工程施工组织设计的编制依据、内容，包括施工方案的选择、施工进度计划、施工平面图设计等。本章主要阐述单位施工组织的核心——一图一表一方案，即施工方案，施工进度计划表与施工平面布置图。本章重点为单位工程施工组织设计的编制方法和步骤。

5.1 单位工程施工组织设计概述

单位工程施工组织设计是以单位工程为对象编制的，规划和指导单位工程从施工准备到竣工验收全过程施工活动的技术经济文件。它既是施工组织总设计的具体化，又是施工单位编制季度、月份施工计划，分部（分项）工程施工方案及劳动力、材料、机械设备等供应计划的主要依据。

5.1.1 单位工程施工组织设计的编制依据

单位工程施工组织设计的编制依据主要有以下几个方面的内容：

1. 上级主管单位和建设单位（或监理单位）对本工程的要求

上级主管单位建设单位（或监理单位）对本工程的要求包括上级主管单位对本工程的范围和内容的批文及招投标文件，建设单位（或监理单位）提出的开工或竣工日期、质量要求、某些特殊施工技术的要求、采用何种先进技术，施工合同中规定的工程造价，工程价款的支付、结算及交工验收办法，材料、设备及技术资料供应计划等。

2. 施工组织总设计

当本单位工程是整个建设项目中的一个项目时，要根据施工组织总设计的既定条件和要求来编制单位工程施工组织设计。

3. 经过会审的施工图

经过会审的图纸包括单位工程的全部施工图纸、会审记录及构件、门窗的标准图集等有关技术资料。对于较复杂的工业厂房，还要有设备、电器和管道的图纸。

4. 建设单位对工程施工可能提供的条件

建设单位对工程施工可能提供的条件如施工用水、用电的供应量，水压、电压能否满足施工要求，可借用作为临时设施的房屋数量、施工用地等。

5. 本工程的资源供应情况

本工程的资源供应情况，如施工中所需劳动力、各专业工人数，材料、构件、半成品的来源，运输条件，运输距离、价格及供应情况，施工机具的配备及生产能力等。

6. 施工现场的勘察资料

施工现场的勘察资料包括施工现场的地形、地貌，地上与地下障碍物，地形图和测量控制网，工程地质和水文地质，气象资料和交通运输道路等。

7. 工程预算文件及有关定额

工程预算文件应有详细的分部、分项工程量，必要时应有分层、分段或分部位的工程量及预算定额和施工定额。

8. 工程施工协作单位的情况

工程施工协作单位的情况包括工程施工协作单位的资质、技术力量、设备安装进场时间等。

9. 有关的国家规定和标准

有关的国家规定和标准有施工及验收规范、质量评定标准及安全操作规程等。

另外，单位工程施工组织设计的编制依据还包括有关的参考资料及类似工程施工组织设计实例。

5.1.2　单位工程施工组织设计的内容

单位工程施工组织设计的内容，根据工程的性质、规模、结构特点、技术复杂程度、施工现场的自然条件、工期要求、采用先进技术的程度、施工单位的技术力量及对采用的新技术的熟悉程度来确定。不同的单位工程其内容和深广度要求也不同，不强求一致，应以讲究实效、在实际施工中起指导作用为目的。

单位工程施工组织设计一般应包括如下内容：

1. 工程概况

工程概况是编制单位工程施工组织设计的依据和基本条件。工程概况可附简图说

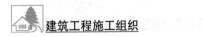

明，各种工程设计及自然条件的参数（如建筑面积、建筑场地面积、造价、结构形式、层数、地质、水、电等）可列表说明，一目了然，简明扼要。施工条件着重说明资源供应、运输方案及现场特殊的条件和要求。

2. 施工方案

施工方案是编制单位工程施工组织设计的重点。在选择施工方案时，应着重对各施工方案的技术经济性进行比较，力求采用新技术，选择最优方案。在确定施工方案时，主要包括施工程序、施工流程及施工顺序的确定，重点分部（分项）工程施工方法和施工机械的选择，技术组织措施的制定等内容。对新技术的选择要求更为详细。

3. 施工进度计划

施工进度计划主要包括确定施工项目，划分施工过程，计算工程量、劳动量和机械台班量，确定各施工项目的作业时间、组织各施工项目的搭接关系并绘制进度计划图表等内容。

实践证明，应用流水作业理论和网络计划技术来编制施工进度计划能获得最优的效果。

4. 施工准备工作和各项资源需用量计划

施工准备工作和各项资源需用量计划主要包括施工准备工作的技术准备、现场准备、物资准备及劳动力、材料、构件、半成品、施工机具需用量计划、运输量计划等内容。

5. 绘制施工平面图

绘制施工平面图主要包括起重运输机械位置的确定，搅拌站、加工棚、仓库及材料堆放场地的合理布置，运输道路、临时设施及供水、供电管线的布置等内容。

6. 主要技术组织措施

主要技术组织措施包括保证质量措施，保证施工安全措施，保证文明施工措施，保证施工进度措施，冬期、雨期施工措施，降低成本措施，提高劳动生产率措施等。

7. 主要技术经济指标

主要技术经济指标包括工期指标、劳动生产率指标、质量和安全指标、降低成本指标、三大材料节约指标、主要工种工程机械化程度指标等。

对于较简单的建筑结构类型或规模不大的单位工程，其施工组织设计可编制得简单一些，其内容一般以施工方案、施工进度计划、施工平面图为主，辅以简要的文字说明即可。

若施工单位已经积累了较多的经验，可以拟订标准、定型的单位工程施工组织设计，根据具体施工条件从中选择相应的标准单位工程施工组织设计，按实际情况加以局部补充和修改后，作为本工程的施工组织设计，以简化编制施工组织设计的程序，并节约时间和管理经费。

5.1.3　单位工程施工组织设计的编制程序

单位工程施工组织设计的编制程序如图 5-1 所示。它是指单位工程施工组织设计各个组成部分的先后次序及相互制约关系，从中可进一步了解单位工程施工组织设计的内容。

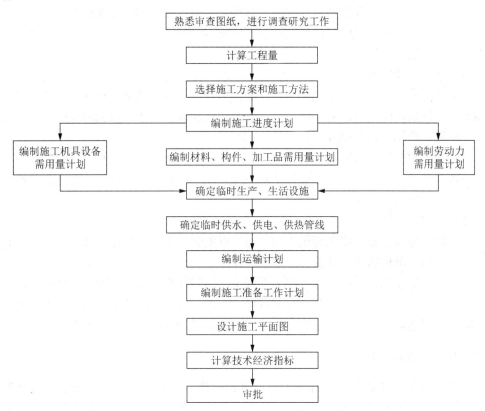

图 5-1　单位工程施工组织设计的编制程序

5.2　工程概况及施工方案的选择

5.2.1　工程概况

单位工程施工组织设计中的工程概况是对拟建工程的工程特点、建设地点特征和施

工条件等所做的一个简要而又突出重点的文字介绍或描述。

工程概况应根据工程特点,结合调查资料,进行分析研究,找出关键性的问题加以说明。对新材料、新结构、新工艺及施工的难点应着重说明。工程概况应包括如下内容:

(1)工程建设概况

工程建设概况应主要介绍拟建工程的建设单位,工程名称、性质、用途、作用和建设目的,资金来源及工程投资额,开工、竣工日期,设计单位、监理单位、施工单位,施工图纸情况,施工合同,主管部门的有关文件或要求,以及组织施工的指导思想等。

(2)建筑设计特点

建筑设计特点主要介绍拟建工程的建筑面积,平面形状和平面组合情况,层数、层高,总高度、总长度、总宽度等尺寸及室内外装饰要求的情况,并附有拟建工程的平面、立面、剖面简图。

(3)结构设计特点

结构设计特点主要介绍基础构造特点及埋置深度,设备基础的形式,桩基础的根数及深度,主体结构的类型,墙、柱、梁、板的材料及截面尺寸,预制构件的类型、重量及安装位置,楼梯构造及形式等。

(4)设备安装设计特点

设备安装设计特点主要介绍建筑采暖卫生与煤气工程、建筑电气安装工程、通风与空调工程、电梯安装工程的设计要求。

(5)工程施工特点

工程施工特点主要介绍工程施工的重点,以便突出重点,抓住关键,使施工顺利地进行,提高施工单位的经济效益和管理水平。

不同类型的建筑、不同条件下的工程施工,均有其不同的施工特点。例如,砖混结构住宅建设的施工特点是砌砖和抹灰工程量大、水平与垂直运输量大等。又如,现浇钢筋混凝土高层建筑的施工特点主要有结构和施工机具设备的稳定性要求高等。

5.2.2 施工方案的选择

施工方案的选择是单位工程施工组织设计的核心问题。所确定的施工方案合理与否,不仅影响施工进度计划的安排和施工平面图的布置,而且将直接关系到工程的施工质量、效率、工期和技术经济效果,因此必须引起足够的重视。为了防止施工方案的片面性,必须对拟定的几个施工方案进行技术经济分析比较,使选定的施工方案施工上可行,技术上先进,经济上合理,并且符合施工现场的实际情况。

施工方案的选择一般包括确定施工程序、确定施工起点和流向、确定施工顺序、合理选择施工机械和施工方法、设计技术组织措施等。

1. 确定施工程序

施工程序是指单位工程中各分部工程或施工阶段的先后次序及其制约关系。工程施工受到自然条件和物质条件的制约，不同施工阶段的不同的工作内容按照其固有的、不可违背的先后次序循序渐进地向前开展，它们之间有着不可分割的联系，既不能相互代替，又不允许颠倒或跨越。

（1）严格执行开工报告制度

单位工程开工前必须做好一系列准备工作，具备开工条件后，项目经理部还应写出开工报告，报上级审查后方可开工。实行社会监理的工程，企业还应将开工报告送监理工程师审批，由监理工程师发布开工通知书。

（2）遵守"先地下后地上、先土建后设备、先主体后围护、先结构后装饰"的原则

"先地下后地上"指的是在地上工程开始之前，尽量把管线、线路等地下设施和土方及基础工程做好或基本完成，以免对地上部分施工有干扰，带来不便，造成浪费，影响质量。

"先土建后设备"指的是无论是工业建筑还是民用建筑，土建与水、暖、电、卫、通信等设备的关系都需要摆正，尤其在装修阶段，要从保质量、降成本的角度处理好两者的关系。

"先主体后围护"主要是指框架结构，应注意在总的施工程序上合理地搭接。一般来说，多层建筑的主体结构与围护结构以少搭接为宜，而高层建筑则应尽量搭接施工，以便有效地节约时间。

"先结构后装饰"是指一般情况而言，有时为了压缩工期，也可以部分搭接施工。但是，由于影响施工的因素很多，施工程序并不是一成不变的，特别是随着建筑工业化的不断发展，某些施工程序也将发生变化，如大板结构房屋中的大板施工，已由工地生产逐渐转向工厂生产，这时结构与装饰可在工厂内同时完成。

（3）合理安排土建施工与设备安装的施工程序

工业厂房的施工很复杂，除了要完成一般土建工程外，还要同时完成工艺设备和工业管道等安装工程。为了使工厂早日竣工投产，不仅要加快土建工程施工速度，为设备安装提供工作面，而且应该根据设备性质、安装方法、厂房用途等因素，合理安排土建工程与设备安装工程之间的施工程序。一般有 3 种施工程序：

1）封闭式施工是指土建主体结构完成以后，再进行设备安装的施工顺序。它一般适用于设备基础较小、埋置深度较浅、设备基础施工时不影响柱基的情况。

封闭式施工的优点：①有利于预制构件的现场预制、拼装和安装就位，适合选择各种类型的起重机械，便于布置开行路线，从而加快主体结构的施工速度；②围护结构能及早完成，设备基础能在室内施工，不受气候影响，可以减少设备基础施工时的防雨、防寒等设施费用；③可利用厂房内的桥式吊车为设备基础施工服务。

封闭式施工的缺点：①出现某些重复性工作，如部分柱基回填土的重复挖填和运输道路的重新铺设等；②设备基础施工条件较差，场地拥挤，其基坑不宜采用机械挖土；③当厂房土质不佳，且设备基础与柱基础连成一片时，在设备基础基坑挖土过程中，易造成地基不稳定，须增加加固措施；④不能提前为设备安装提供工作面，工期较长。

2）敞开式施工是指先施工设备基础、安装工艺设备，然后建造厂房的施工顺序。它一般适用于设备基础较大，埋置深度较深，设备基础的施工将影响柱基的情况（如冶金工业厂房中的高炉间）。其优缺点与封闭式施工相反。

3）设备安装与土建施工同时进行是指土建施工可以为设备安装创造必要的条件，同时又可在采取防止设备被砂浆、垃圾等污染的保护措施时，所采用的施工程序。它可以加快工程的施工进度。例如，在建造水泥厂时，经济效益较好的施工程序便是设备安装与土建施工同时进行。

2. 确定施工起点和流向

施工起点和流向是指单位工程在平面或空间上开始施工的部位及其展开方向。一般情况下，单层建筑物应分区分段地确定在平面上的施工流向；多层建筑物除了每层平面上的施工流向外，还须确定在竖向（层间或单元空间）上的施工流向。施工流向的确定涉及一系列施工活动的展开和进程，是组织施工的重要环节。确定单位工程施工起点流向时，一般应考虑以下因素：

1）施工方法是确定施工流向的关键因素。例如，一幢建筑物要用逆做法施工地下两层结构，它的施工流向可做如下表达：测量定位放线→进行地下连续墙施工→进行钻孔灌注桩施工→±0.000 标高结构层施工→地下两层结构施工，同时进行地上一层结构施工→底板施工并做各层柱，完成地下室施工→完成上层结构。

若采用顺做法施工地下两层结构，其施工流向为测量定位放线→底板施工→换拆第二道支撑→地下两层施工→换拆第一道支撑→±0.000 顶板施工→上部结构施工（先做主楼以保证工期，后做裙房）。

2）生产工艺或使用要求是确定施工流向的基本因素。从生产工艺上考虑，影响其他工段试车投产或使用上要求急的工段、部位应该先施工。例如，B 车间生产的产品受 A 车间生产的产品影响，A 车间又划分为 3 个施工段（1、2、3 段），且 2、3 段的生产要受 1 段的约束，故其施工应从 A 车间的 1 段开始，A 车间施工完后，再进行 B 车间施工。

3）施工繁简程度的影响。一般技术复杂、施工进度较慢、工期较长的工段或部位应先开工。例如，高层现浇钢筋混凝土结构房屋，主楼部分先施工，裙房部分后施工。

4）当有高低层或高低跨并列时，应从高低层或高低跨并列处开始施工。例如，在高低跨并列的单层工业厂房结构安装中，应先从高低跨并列处开始吊装；又如，在高低层并列的多层建筑物中，层数多的区段常先施工。

5）工程现场条件和选用的施工机械的影响。施工场地大小、道路布置、所采用的施工方法和机械也是确定施工流向的因素。例如，根据工程条件，挖土机械可选用正铲、反铲、拉铲等，吊装机械可选用履带式起重机、汽车式起重机或塔式起重机，这些机械的开行路线或位置布置决定了基础挖土及结构吊装的施工起点和流向。

6）施工组织的分层分段。划分施工层、施工段的部位，如伸缩缝、沉降缝、施工缝，也是决定其施工流向应考虑的因素。

7）分部工程或施工阶段的特点及其相互关系。例如，基础工程由施工机械和方法决定其平面的施工流程；从平面上看，主体结构工程从哪一边先开始都可以，但竖向一般应自下而上施工；装饰工程竖向的流程比较复杂，室外装饰一般采用自上而下的流程，室内装饰则有自上而下、自下而上及自中而下再自上而中 3 种流向。密切相关的分部工程或施工阶段，一旦前面施工过程的流向确定了，后续施工过程也随之确定。例如，单层工业厂房的土方工程的流向决定了柱基础施工过程和某些构件预制、吊装施工过程的流向。

① 室内装饰工程自上而下的施工流向是指主体结构工程封顶，做好屋面防水层以后，从顶层开始，逐层向下施工。其施工流向如图 5-2 所示，一般有水平向下和垂直向下两种形式，施工中采用图 5-2（a）所示的水平向下的方式较多。这种流向的优点：主体结构完成后有一定的沉降时间，能保证装饰工程的质量；做好屋面防水层后，可防止在雨期施工时因雨水渗漏而影响装饰工程质量；自上而下的流水施工，各施工过程之间交叉作业少，影响小，便于组织施工，有利于保证施工安全，从上而下清理垃圾方便。其缺点是不能与主体施工搭接，工期相应较长。

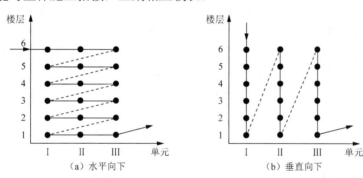

图 5-2 室内装饰工程自上而下的施工流向

② 室内装饰工程自下而上的施工流向是指主体结构工程施工完第三层楼板后，室内装饰从第一层开始逐层向上施工。其施工流向如图 5-3 所示，一般与主体结构平行搭接施工，有水平向上和垂直向上两种形式。这种流向的优点是可以和主体砌筑工程进行交叉施工，缩短工期，当工期紧迫时可以采取这种施工流向。其缺点是各施工过程之间互相交叉，材料供应紧张，施工机械负担重，故需要很好地组织和安排，并采取相应的安全技术措施。

③ 室内装饰工程自中而下再自上而中的施工流向，综合了前两者的优缺点，一般适用于高层建筑的室内装饰工程施工。

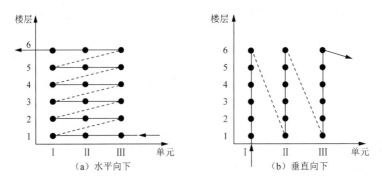

图 5-3　室内装饰工程自下而上的施工流向

3. 确定施工顺序

施工顺序是指分项工程或工序之间施工的先后次序。它的确定既是为了按照客观的施工规律组织施工，又是为了解决工种之间在时间上的搭接和在空间上的利用问题。在保证施工质量与安全施工的前提下，以求达到充分利用空间、争取时间、缩短工期的目的。合理的确定施工顺序也是编制施工进度计划的需要。

确定施工顺序的基本原则如下：

1）遵循施工程序。施工程序确定了施工阶段或分部工程之间的先后次序，确定施工顺序时必须遵循施工程序，如先地下后地上的施工程序。

2）必须符合施工工艺的要求。这种要求反映施工工艺上存在的客观规律和相互间的制约关系，一般是不可违背的。例如，预制钢筋混凝土柱的施工顺序为支模板→绑扎钢筋→浇混凝土→养护→拆模，现浇钢筋混凝土柱的施工顺序为绑扎钢筋→支模板→浇混凝土→养护→拆模。

3）必须与施工方法协调一致。例如，单层工业厂房结构吊装工程的施工顺序，当采用分件吊装法时，施工顺序为吊柱→吊梁→吊屋盖系统；当采用综合吊装法时，施工顺序为第一节间吊柱、梁和屋盖系统→第二节间吊柱、梁和屋盖系统→……→最后节间吊柱、梁和屋盖系统。

4）必须考虑施工组织的要求。例如，当安排室内外装饰工程施工顺序时，既可先室外又可先室内；又如，安排内墙面及顶棚抹灰施工顺序时，既可待主体结构完工后进行，又可在主体结构施工到一定部位后提前插入，该顺序主要依据施工组织的安排。

5）必须考虑施工质量和施工安全的要求。确定施工顺序必须以保证施工质量和施工安全为大前提。例如，为了保证施工质量，楼梯抹面应在全部墙面、地面和顶棚抹灰完成之后，自上而下一次完成；为了保证施工安全，在多层砖混结构的施工中，只有完成两个楼层板的铺设后，才允许在底层进行其他施工过程的施工。

6）必须考虑当地气候条件的影响。例如，雨期和冬期到来之前，应做完室外各项施工过程，为室内施工创造条件；又如，冬期室内装饰施工时，应先安门窗扇和玻璃，后做其他装饰工程。

现将多层砖混结构居住房屋、多层全现浇钢筋混凝土框架结构房屋和装配式钢筋混凝土单层工业厂房的施工顺序分别叙述如下：

（1）多层砖混结构居住房屋的施工顺序

多层砖混结构居住房屋的施工，按照房屋各部位的施工特点，一般可划分为基础工程、主体结构工程、屋面及装饰工程 3 个施工阶段。水、暖、电、卫工程应与土建工程中相关分部（分项）工程密切配合，交叉施工。图 5-4 为砖混结构四层居住房屋施工顺序示意图。

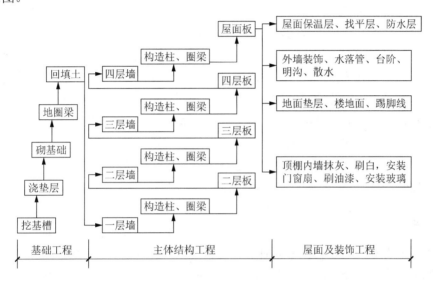

图 5-4　砖混结构四层居住房屋施工顺序示意图

1）基础工程的施工顺序。基础工程施工阶段是指室内地坪（±0.00）以下的所有工程施工阶段。其施工顺序一般如下：挖基槽→做垫层→砌基础→地圈梁→回填土。如果有地下障碍物、坟穴、防空洞、软弱地基等问题，须先进行处理；如果有桩基础，则应先进行桩基础施工；如果有地下室，则应在基础完成后或完成一部分后，进行地下室墙身施工、防水（潮）施工，再进行地下室顶板安装或现浇顶板，最后回填土。

注意：挖基槽（坑）和做垫层的施工搭接要紧凑，时间间隔不宜过长，以防雨后基槽（坑）内积水，影响地基的承载力。垫层施工后要留有一定的技术间歇时间，使其具有一定强度后，再进行下一道工序。各种管沟的挖土、做管沟垫层、砌管沟墙、管道铺设等应尽可能与基础工程施工配合，平行搭接进行。回填土根据施工工艺的要求，既可在结构工程完工以后进行，又可在上部结构开始以前完成，施工中采用后者的较多。这样一方面可以避免基槽遭雨水或施工用水浸泡，另一方面可以为后续工程创造良好的工作条件，提高生产效率。回填土原则上是一次分层夯填完毕。对零标高以下室内回填土（房心土），最好与基槽（坑）回填土同时进行，但要注意水、暖、电、卫、煤气管道沟的回填标高，如不能同时回填，也可在装饰工程之前，与主体结构施工同时交叉进行。

2）主体结构工程的施工顺序。主体结构工程施工阶段的工作，通常包括搭设脚手架，砌筑墙体，安装预制过梁，安装预制楼板和楼梯，现浇构造柱、楼板、圈梁、雨篷、楼梯等分项工程。当楼板、楼梯为现浇时，其施工顺序应如下：立构造柱筋→砌墙→安装柱模板→浇筑柱混凝土→安装梁、板、梯模板→安装梁、板、梯钢筋→浇筑梁、板、梯混凝土。当楼板为预制时，其施工顺序应为立构造柱筋→砌墙→安装柱模板→浇筑柱混凝土→安装圈梁、楼梯模板→安装圈梁、楼梯钢筋→浇筑圈梁、楼梯混凝土→吊装楼板→灌缝。砌筑墙体和安装预制楼板工程量较大，因此砌墙和安装楼板是主体结构工程的主导施工过程，它们在各楼层之间的施工是先后交替进行的。要注意两者在流水施工中的连续性，避免产生不必要的窝工现象。

3）屋面及装饰工程的施工顺序。这个阶段具有施工内容多而杂、劳动消耗量大、手工操作多、工期长等特点。卷材防水屋面的施工顺序一般如下：抹找平层→铺隔汽层及保温层→找平层→刷冷底子油结合层→做防水层及保护层。对于刚性防水屋面的现浇钢筋混凝土防水层，分隔缝施工应在主体结构完成后开始，并尽快完成，以便为室内装饰创造条件。一般情况下，屋面工程可以和装饰工程搭接或平行施工。

装饰工程可分为室内装饰（顶棚、墙面、楼地面、楼梯等抹灰，门窗扇安装，门窗刷油漆、安装玻璃，为墙裙刷油漆，做踢脚板等）和室外装饰（外墙抹灰、勒脚、散水、台阶、明沟、水落管等）。室内外装饰工程的施工顺序通常有先内后外、先外后内、内外同时进行 3 种顺序，具体使用哪种顺序应视施工条件、气候条件和工期而定。通常室外装饰应避开冬期或雨期，并由上而下逐层进行，随之拆除该层的脚手架。当室内为水磨石楼面时，为防止楼面施工时水的渗漏对外墙面的影响，应先完成水磨石的施工；如果为了加速脚手架的周转或要赶在冬期、雨期到来之前完成室外装修，则应采取先外后内的顺序。同一层的室内抹灰施工顺序有楼地面→顶棚→墙面和顶棚→墙面→楼地面两种。前一种顺序便于清理地面，易于保证地面质量，且便于收集墙面和顶棚的落地灰，节省材料。但由于地面需要留养护时间及采取保护措施，使墙面和顶棚抹灰时间推迟，影响工期。后一种顺序在做地面前必须将顶棚和墙面上的落地灰和渣滓扫清、洗净后再做面层，否则会影响楼面面层与预制楼板间的粘结，引起地面起鼓。

底层地面一般多在各层顶棚、墙面、楼面做好之后进行。由于楼梯间和踏步抹面在施工期间易损坏，通常是在其他抹灰工程完成后，自上而下统一施工。门窗扇安装可在抹灰之前或之后进行，视气候和施工条件而定。例如，室内装饰工程若在冬期施工，为防止抹灰层冻结和加速干燥，门窗扇和玻璃均应在抹灰前安装完毕。门窗玻璃安装一般在门窗扇刷油漆之后进行。

室外装饰工程总是采取自上而下的流水施工方案。在自上而下逐层装饰、水落管安装等分项工程全部完成后，即可拆除该层的脚手架，然后进行散水及台阶的施工。

4）水、暖、电、卫等工程的施工顺序。水、暖、电、卫等工程不同于土建工程，可以分成几个明显的施工阶段，它一般与土建工程中有关的分部（分项）工程进行交叉施工，紧密配合。两者配合的顺序和工作内容如下：①在基础工程施工时，先将相应的管道沟的垫层、地沟墙做好，然后回填土。②在主体结构施工时，应在砌砖墙和现浇钢筋混凝土楼板的同时，预留上下水管和暖气立管的孔洞、电线孔槽或预埋木砖和其他预埋件。③在装饰工程施工前，安设相应的各种管道和电器照明用的附墙暗管、接线盒等。水、暖、电、卫安装一般在楼地面和墙面抹灰前或后穿插施工。若电线采用明线，则应在室内粉刷后进行。

（2）多层全现浇钢筋混凝土框架结构房屋的施工顺序

钢筋混凝土框架结构多用于多层民用房屋和工业厂房，也常用于高层建筑。这种房屋的施工，一般可划分为基础工程、主体结构工程、围护工程和装饰工程等 4 个阶段。图 5-5 为 n 层现浇钢筋混凝土框架结构房屋施工顺序示意图。

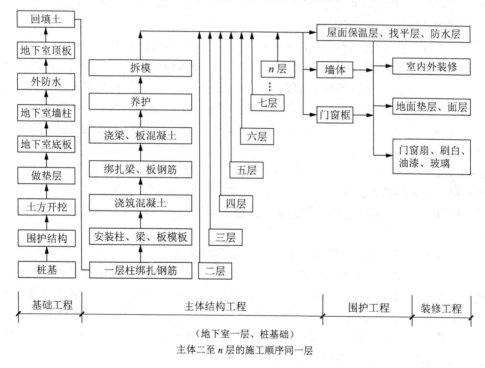

图 5-5　n 层现浇钢筋混凝土框架结构房屋施工顺序示意图

1）基础工程施工顺序。多层全现浇钢筋混凝土框架结构房屋的基础一般可分为有地下室基础工程和无地下室基础工程。若有地下室一层，且房屋建造在软土地基上，则基础工程的施工顺序一般如下：桩基→围护结构→土方开挖→做垫层→地下室底板→地下室墙柱→外防水→地下室顶板→回填土。

若无地下室，且房屋建造在土质较好的地区，基础工程的施工顺序一般如下：挖土→

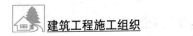

做垫层→基础（扎筋、支模、浇混凝土、养护、拆模）→回填土。

和砖混结构居住房屋一样，在多层框架结构房屋的基础工程施工之前，也要先处理好基础下部的松软土、洞穴等，然后分段进行平面流水施工。施工时，应根据当地的气候条件，加强对垫层和基础混凝土的养护，在基础混凝土达到拆模要求时及时拆模，并及早回填土，从而为上部结构施工创造条件。

2）主体结构工程的施工顺序（假定采用木制模板）。全现浇钢筋混凝土框架主体结构工程的施工顺序如下：绑扎柱钢筋→安装柱、梁、板模板→浇筑柱混凝土→绑扎梁、板钢筋→浇筑梁、板混凝土。柱、梁、板的支模、绑扎钢筋、浇筑混凝土等施工过程的工作量大，耗用的劳动力和材料多，而且对工程质量和工期也起着决定性作用。因此须把多层框架在竖向上分成层，在平面上分成段，即分成若干个施工段，组织平面上和竖向上的流水施工。

3）围护工程的施工顺序。围护工程包括墙体工程、安装门窗框和屋面工程。墙体工程包括砌砖用的脚手架的搭拆，内、外墙砌筑等分项工程。不同的分项工程之间可组织平行、搭接、立体交叉流水施工。屋面工程、墙体工程应密切配合，如在主体结构工程结束之后，先进行屋面保温层、找平层施工，待外墙砌筑到顶后，再进行屋面油毡防水层的施工。脚手架应配合砌筑工程搭设，在室外装饰之后、做散水之前拆除。内墙的砌筑顺序应根据内墙的基础形式而定，有的需在地面工程完成后进行，有的则可在地面工程之前与外墙同时进行。屋面工程的施工顺序与砖混结构居住房屋的屋面工程的施工顺序相同。

4）装饰工程的施工顺序。装饰工程分为室内装饰和室外装饰。室内装饰包括顶棚、墙面、楼地面、楼梯等抹灰，门窗扇安装，门窗油漆，玻璃安装等；室外装饰包括外墙抹灰、勒脚、散水、台阶、明沟等施工。其施工顺序与砖混结构居住房屋的施工顺序基本相同。

（3）装配式钢筋混凝土单层工业厂房的施工顺序

根据单层工业厂房的结构形式，其施工特点为基础挖土量及现浇混凝土量大、现场预制构件多及结构吊装量大、各工种配合施工要求高等。因此，装配式钢筋混凝土单层工业厂房的施工可分为基础工程、预制工程、结构安装工程、围护工程和装饰工程 5 个施工阶段。水、暖、电、卫工程应与土建工程有关分部（分项）工程密切配合交叉施工。其施工顺序示意图如图 5-6 所示。

1）基础工程的施工顺序。装配式钢筋混凝土单层工业厂房柱基础一般为现浇钢筋混凝土杯形基础，宜采用平面流水施工。它的施工顺序与现浇钢筋混凝土框架结构的独立基础施工顺序相同。

对于厂房的设备基础和厂房柱基础的施工顺序，需根据厂房的性质和基础埋深等具体情况来决定。

在装配式钢筋混凝土单层工业厂房基础工程施工之前，首先要处理好基础下部的松软土、洞穴等，然后分段进行平面流水施工。施工时，应根据当时的气候条件，加强对钢筋混凝土垫层和基础的养护,在基础混凝土达到拆模要求时及时拆模,并提早回填土,从而为现场预制工程创造条件。

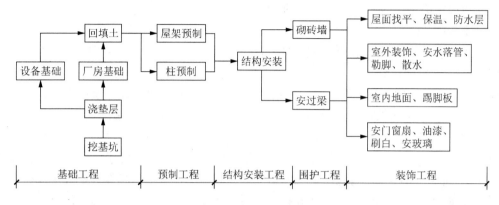

图 5-6 装配式钢筋混凝土单层工业厂房的施工顺序示意图

2)预制工程的施工顺序。装配式钢筋混凝土单层工业厂房结构构件的预制方式,一般可采用加工厂预制和现场预制相结合的方法。在具体确定预制方案时,应结合构件技术特征、当地加工厂的生产能力、工程的工期要求、现场的交通道路、运输工具等因素,经过技术经济分析之后确定。通常,对于尺寸大、自重大的大型构件,多采用在拟建厂房内部就地预制,如柱、托架梁、屋架、鱼腹式预应力吊车梁等;对于种类及规格繁多的异型构件,可在拟建厂房外部集中预制,如门窗过梁等;对于数量较多的中小型构件,可在加工厂预制,如大型屋面板等标准构件、木制品及钢结构构件等。加工厂生产的预制构件应随着厂房结构安装工程的进展陆续运往现场,以便安装。

现场就地预制钢筋混凝土柱的施工顺序如下:场地平整夯实→支模→扎筋→预埋铁件→浇筑混凝土→养护→拆模等。

现场预制屋架的施工顺序如下:场地平整夯实(或做台模)→支模→扎筋(有时先扎筋后支模)→预留孔洞→预埋铁件→浇筑混凝土→养护→拆模→预应力筋张拉→锚固→灌浆等。

预制构件制作的顺序:原则上是先安装的先预制,虽然屋架迟于柱子安装,但由于预应力屋架需要张拉、灌浆等工艺,并且有两次养护的技术间歇,在考虑施工顺序时往往要提前制作。

预制构件制作的时间:因现场预制构件的工期较长,故预制构件的制作往往在基础回填土、场地平整完成一部分之后就可以进行,这时结构安装方案已定,构件布置图已绘出。一般来说,其制作的施工流向应与基础工程的施工流向一致,同时还要考虑所选择的吊装机械和吊装方法。这样既可以使构件制作早日开始,又能及早地交出工作面,为结构安装工程提早施工创造条件。

3)结构安装工程的施工顺序。结构安装工程是装配式钢筋混凝土单层工业厂房的

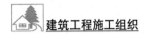

主导施工阶段，其施工内容依次为柱子、吊车梁、连系梁、基础梁、托架、屋架、天窗架、大型屋面板及支撑系统等构件的绑扎、起吊、就位、临时固定、校正和最后固定等。它应单独编制结构安装工程的施工作业设计，其中，结构吊装的流向通常应与预制构件制作的流向一致。

结构安装前的准备工作有预制构件的混凝土强度是否达到规定要求（柱子达到70%的设计强度，屋架达到100%的设计强度，预应力构件灌浆后的砂浆强度达15MPa才能就位或安装），基础杯口抄平、杯口弹线，构件的吊装验算和加固，起重机稳定性、起重量核算和安装屋盖系统的鸟嘴架安设，起吊各种构件的索具准备等。

结构安装工程的施工顺序取决于安装方法。当采用分件安装方法时，一般起重机分3次开行才安装完全部构件，其安装顺序是第一次开行安装全部柱子，并对柱子进行校正与最后固定；待杯口内的混凝土强度达到设计强度的70%后，起重机第二次开行安装吊车梁、连系梁和基础梁；第三次开行安装屋盖系统。当采用综合吊装方法时，其安装顺序是先安装第一节间的四根柱，迅速校正并灌浆固定，接着安装吊车梁、连系梁、基础梁及屋盖系统，如此依次逐个节间地进行所有构件安装，直至整个厂房全部安装完毕。抗风柱的安装顺序一般有两种：一是在安装柱的同时，先安装该跨一端的抗风柱，另一端的抗风柱则在屋盖系统安装完毕后进行；二是全部抗风柱的安装均待屋盖系统安装完毕后进行，并立即与屋盖连接。

4）围护工程的施工顺序。围护工程的施工顺序如下：搭设垂直运输机具（如井架、门架、起重机等）→砌筑内外墙（脚手架搭设与其配合）→现浇门框、雨篷等。一般在结构吊装工程完成之后或吊装完成一部分区段之后，即可开始外墙砌筑工程的分段施工。不同的分项工程之间可组织立体交叉平行的流水施工，砌筑完成即可开始屋面施工。

5）装饰工程的施工顺序。装饰工程的施工也可分为室内装饰和室外装饰。室内装饰工程包括地面的平整、垫层、面层，安装门窗扇、油漆、安装玻璃、墙面抹灰、刷白等；室外装饰工程包括外墙勾缝、抹灰、勒脚、散水等分项工程。两者可平行施工，并可与其他施工过程交叉穿插进行，一般不占总工期。地面工程应在地下管道、电缆完成后进行。砌筑工程完成后，即进行内外墙抹灰，外墙抹灰应自上而下进行。门窗安装一般与砌墙穿插进行，也可在砌墙完成后进行。内墙面及构件刷白，应安排在墙面干燥和大型屋面板灌缝之后开始，并在油漆开始之前结束。玻璃安装在油漆后进行。

6）水、暖、电、卫工程的施工顺序。水、暖、电、卫工程的施工顺序与砖混结构的施工顺序基本相同，但应注意空调设备安装工程的安排。生产设备的安装，一般由专业公司承担，由于其专业性强、技术要求高，应遵照有关专业的生产顺序进行。

上面所述3种类型房屋的施工过程及其顺序，仅适用于一般情况。建筑施工是一个复杂的过程，随着新工艺、新材料、新建筑体系的出现和发展，这些规律将会随着施工对象和施工条件的变化而发生较大的变化。因此，对于每一个单位工程，必须根据其施工特点和具体情况，合理地确定施工顺序，最大限度地利用空间，争取时间组织平行流水、立体交叉施工，以其达到时间和空间的充分利用。

4. 合理选择施工方法和施工机械

选择施工方法和施工机械是施工方案中的关键问题，它直接影响施工进度、质量、安全及工程成本。因此，编制施工组织设计时，必须根据建筑结构特点、抗震要求、工程量大小、工期长短、资源供应情况、施工现场情况和周围环境等因素，制定可行方案，并进行技术经济分析，确定最优方案。

（1）选择施工方法

选择施工方法时，应重点考虑影响整个单位工程施工的分部（分项）工程的施工方法。对于工程量大且在单位工程中占有重要地位的分部（分项）工程，施工技术复杂或采用新技术、新工艺及对工程质量起关键作用的分部（分项）工程，不熟悉的特殊结构工程或由专业施工单位施工的特殊专业工程要求详细而具体地拟订施工方法，必要时应编制单独的分部（分项）工程的施工作业设计，提出质量要求及达到这些质量要求的技术措施，指出可能发生的问题并提出预防措施和必要的安全措施。对于按照常规做法和工人的熟悉分部（分项）工程，则不必详细拟订施工方法，只提出应注意的一些特殊问题即可。通常，施工方法选择的内容如下：

1）土方工程：①场地整平、地下室、基坑、基槽的挖土方法，放坡要求，所需人工、机械的型号及数量；②余土外运方法，所需机械的型号及数量；③地下、地表水的排水方法，排水沟、集水井、井点的布置，所需设备的型号及数量。

2）钢筋混凝土工程：①模板工程，模板的类型和支模方法是指根据不同的结构类型、现场条件确定现浇和预制用的各种类型模板（如工具式钢模、木模，翻转模板，土、砖、混凝土胎模，钢丝网水泥、清水竹胶平面大模板等）及各种支承方法（如钢、木立柱、桁架、钢制托具等），并分别列出采用的项目、部位、数量及隔离剂的选用；②钢筋工程，明确构件厂与现场加工的范围，钢筋调直、切断、弯曲、成型、焊接方法，钢筋运输及安装方法。③混凝土工程，搅拌与供应（集中或分散）方法，砂石筛选、计量、上料方法，拌和料、外加剂的选用及掺量，搅拌、运输设备的型号及数量，浇筑顺序的安排，工作班次，分层浇筑厚度，振捣方法，施工缝的位置，养护制度。

3）结构安装工程：①构件尺寸、自重、安装高度；②选用吊装机械型号及吊装方法，塔式超重机回转半径的要求，吊装机械的位置或开行路线；③吊装顺序，运输、装卸、堆放方法，所需设备型号及数量；④吊装运输对道路的要求。

4）垂直及水平运输：①标准层垂直运输量计算表；②垂直运输方式的选择及其型号、数量、布置、服务范围、穿插班次；③水平运输方式及设备的型号和数量；④地面及楼面水平运输设备的行驶路线。

5）装饰工程：①室内外装饰抹灰工艺的确定；②施工工艺流程与流水施工的安排；③装饰材料的场内运输，减少临时搬运的措施。

6）特殊项目：①对于四新（新结构、新工艺、新材料、新技术）项目，高耸、大

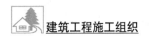

跨、重型构件，水下、深基础、软弱地基、冬期施工等项目均应单独编制，单独编制的内容包括工程平面示意图、工程量、施工方法、工艺流程、劳动组织、施工进度、技术要求与质量、安全措施、材料、构件及机具设备需用量；②对于大型土方、打桩、构件吊装等项目，无论内分包还是外分包均应由分包单位提出单项施工方法与技术组织措施。

（2）选择施工机械

选择施工方法必须涉及施工机械的选择问题。机械化施工是改变建筑工业生产落后面貌，实现建筑工业化的基础。因此，施工机械的选择是施工方法选择的中心环节。选择施工机械时应着重考虑以下几个方面：

1）选择施工机械时，应首先根据工程特点，选择适宜主导工程的施工机械。例如，选择装配式单层工业厂房结构安装用的起重机类型，当工程量较大且集中时，可以采用生产效率较高的塔式起重机；当工程量较小或工程量虽大却相对分散时，采用无轨自行式起重机较为经济。在选择起重机型号时，应使起重机在起重臂外伸长度一定的条件下，能适应起重量及安装高度的要求。

2）各种辅助机械或运输工具应与主导机械的生产能力协调配套，以充分发挥主导机械的效率。例如，土方工程施工中采用汽车运土时，汽车的载重量应为挖土机斗容量的整数倍，汽车的数量以保证挖土机连续工作为宜。

3）在同一工地上，应力求建筑机械的种类和型号尽可能少一些，以利于机械管理。为此，工程量大且分散时，宜采用多用途机械施工，如挖土机既可用于挖土，又能用于装卸、起重和打桩。

4）施工机械的选择还应考虑充分发挥施工单位现有机械的能力。当本单位的机械能力不能满足工程需要时，应购置或租赁所需的新型机械或多用途机械。

5. 技术组织措施的设计

技术组织措施是指在技术和组织方面对保证工程质量、安全、节约和文明施工所采用的方法。制定这些方法是施工组织设计编制者带有创造性的工作。

（1）保证工程质量的措施

保证工程质量的关键是对施工组织设计的工程对象经常发生的质量通病制定防治措施。保证工程质量的措施可以按照各主要分部（分项）工程提出的质量要求制定，也可以按照各工种工程提出的质量要求制定。保证工程质量的措施可以从以下各方面考虑：

1）确保拟建工程定位、放线、轴线尺寸、标高测量等准确无误的措施。

2）为了确保地基土壤承载能力符合设计规定的要求而应采取的有关技术组织措施。

3）各种基础、地下结构、地下防水施工的质量措施。

4）确保主体承重结构各主要施工过程的质量要求，各种预制承重构件检查验收的措施，各种材料、半成品、砂浆、混凝土等检验及使用要求。

5）对新结构、新工艺、新材料、新技术的施工操作提出质量措施或要求。

6）冬期、雨期施工的质量措施。

7）屋面防水施工、各种抹灰及装饰操作中，确保施工质量的技术措施。

8）解决质量"通病"的措施。

9）执行施工质量的检查、验收制度。

10）提出各分部工程的质量评定的目标计划等。

（2）安全施工措施

安全施工措施应贯彻安全操作规程，对施工中可能发生的安全问题进行预测，有针对性地提出预防措施，以杜绝施工中伤亡事故的发生。主要安全施工措施如下：

1）提出安全施工宣传、教育的具体措施，新工人进场上岗前必须做安全教育及安全操作的培训。

2）针对拟建工程地形、环境、自然气候、气象等情况，提出可能突然发生自然灾害时有关施工安全方面的若干措施及其具体的办法，以便减少损失，避免伤亡。

3）提出易燃、易爆品严格管理及使用的安全技术措施。

4）防火、消防措施，高温、有毒、有尘、有害气体环境下操作人员的安全要求和措施。

5）土方、深坑施工，高空、高架操作，结构吊装、上下垂直平行施工时的安全要求和措施。

6）各种机械、机具安全操作要求，交通、车辆的安全管理措施。

7）各处电气设备的安全管理及安全使用措施。

8）狂风、暴雨、雷电等各种特殊天气发生前后的安全检查措施及安全维护制度。

（3）降低成本措施

降低成本措施的制定应以施工预算为尺度，以企业（或基层施工单位）年度、季度降低成本计划和技术组织措施计划为依据进行编制。要针对工程施工中降低成本潜力大的（工程量大、有采取措施的可能性及有条件的）项目，充分开动脑筋，提出措施，并计算经济效益和指标，加以评价、决策。这些措施必须是不影响质量且能保证安全的，应考虑以下几方面：

1）生产力水平是先进的。

2）有精心挑选的领导班子来合理组织施工生产活动。

3）有合理的劳动组织，以保证劳动生产率的提高，减少总的用工数。

4）物资管理的计划性，从采购、运输、现场管理及竣工材料回收等方面，最大限度地降低原材料、成品和半成品的成本。

5）采用新技术、新工艺以提高工效，降低材料耗用量，节约施工总费用。

6）保证工程质量，减少返工损失。

7）保证安全生产，减少事故频率，避免意外工伤事故带来的损失。

8）提高机械利用率，减少机械费用的开支。

9）增收节支，减少施工管理费的支出。

10）工程建设尽量提前完工，以节省各项费用开支。

降低成本措施应包括节约劳动力、材料费用、机械设备费用、工具费用、间接费用及临时设施费用等措施。在制定降低成本措施时，一定要正确处理降低成本、提高质量和缩短工期三者的关系，计算措施的经济效果。

（4）现场文明施工措施

现场文明施工措施主要包括以下几个方面：

1）施工现场有围挡与标牌，出入口与交通安全，道路畅通，场地平整。

2）暂设工程的规划与搭设，办公室、更衣室、食堂、厕所的安排与环境卫生。

3）各种材料、半成品、构件的堆放与管理。

4）散碎材料、施工垃圾运输，以及其他各种环境污染的处理，如搅拌机冲洗废水、油漆废液、灰浆水等施工废水污染，运输土方与垃圾、白灰堆放、散装材料运输等粉尘污染，熬制沥青、熟化石灰等废气污染，打桩、搅拌混凝土、振捣混凝土等噪声污染。

5）成品保护。

6）施工机械保养与安全使用。

7）安全与消防。

5.3　单位工程施工进度计划

单位工程施工进度计划是在确定施工方案的基础上，根据规定工期和各种资源供应条件，按照施工过程的合理施工顺序及组织施工的原则，用图表的形式（横道图或网络图），确定一个工程从开始施工到工程全部竣工的各个项目在时间上的安排和相互间的搭接关系。在此基础上，方可编制月、季计划及各项资源需用量计划。因此，施工进度计划是单位工程施工组织设计中一项非常重要的内容。

5.3.1　单位工程施工进度计划的作用和分类

1. 作用

单位工程施工进度计划的作用如下：

1）控制单位工程的施工进度，保证在规定工期内完成符合质量要求的工程任务。

2）确定单位工程各个施工过程的施工顺序、施工持续时间及相互衔接和合理配合关系。

3）为编制季度、月度生产作业计划提供依据。

4）是制定各项资源需用量计划和编制施工准备工作计划的依据。

2. 分类

单位工程施工进度计划根据施工项目划分的粗细程度,可分为控制性施工进度计划与指导性施工进度计划两类。控制性施工进度计划按分部工程来划分施工项目,控制各分部工程的施工时间及其相互搭接配合关系。它不仅适用于工程结构较复杂、规模较大、工期较长且需跨年度施工的工程(如体育场、火车站等公共建筑及大型工业厂房等),而且适用于工程规模不大或结构不复杂但各种资源(劳动力、机械、材料等)不落实的情况,以及建筑结构、建筑规模等可能变化的情况。对于编制控制性施工进度计划的单位工程,当各分部工程的施工条件基本落实之后,在施工之前还应编制各分部工程的指导性施工进度计划。指导性施工进度计划按分项工程或施工过程来划分施工项目,具体确定各分项工程或施工过程的施工时间及其相互搭接配合关系。它适用于施工任务具体而明确、施工条件基本落实、各种资源供应正常、施工工期较短的工程。

5.3.2 单位工程施工进度计划的编制程序和依据

1. 编制程序

单位工程施工进度计划的编制程序如图 5-7 所示。

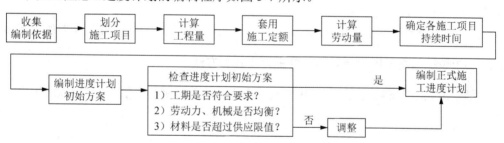

图 5-7 单位工程施工进度计划的编制程序

2. 编制依据

编制单位工程施工进度计划,主要依据下列资料:

1)经过审批的建筑总平面图及单位工程全套施工图,以及地质、地形图,工艺设计图,设备及其基础图,采用的各种标准图等图纸及技术资料。

2)施工组织总设计对本单位工程的有关规定。

3)施工工期要求及开工、竣工日期。

4)施工条件、劳动力、材料、构件及机械的供应条件、分包单位的情况等。

5)主要分部(分项)工程的施工方案,包括施工程序、施工段划分、施工流程、施工顺序、施工方法、技术及组织措施等。

6)施工定额。

7)其他有关要求和资料,如工程合同。

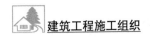

3. 表示方法

施工进度计划一般用图表来表示，通常有两种形式的图表——横道图和网络图。横道图的形式如图 5-8 所示。

序号	分部（分项）工程名称	工程量		定额	劳动量		需要机械		每天工作班次	每班工人数	工作持续时间	施工进度	
		单位	数量		工种	工日数	机械名称	台班数				××月	××月

图 5-8　施工进度计划横道图

从图 5-8 中可以看出，它由左、右两部分组成。左边部分列出各种计算数据，如分部（分项）工程名称、工程量、定额、劳动量或需要机械量、每天工作班次、每班工人数及工作持续时间等；右边部分是从规定的开工之日起到竣工之日止的进度指示，用不同线条形象地表现各个分部（分项）工程的施工进度和相互间的搭接配合关系，有时在其下面汇总每天的资源需用量，绘出资源需用量的动态曲线，其中的单元格根据需要可以是一格表示一天或若干天。

网络图的表示方法详见第 4 章，这里仅对利用横道图编制施工进度计划加以阐述。

5.3.3　单位工程施工进度计划编制的主要步骤和方法

根据单位工程施工进度计划的编制程序，下面将其编制的主要步骤和方法叙述如下：

1. 施工项目的划分

编制施工进度计划时，首先应按照图纸和施工顺序将拟建单位工程的各个施工过程列出，并结合施工方法、施工条件、劳动组织等因素，加以适当调整，使之成为编制施工进度计划所需的施工项目。施工项目是包括一定工作内容的施工过程，它是施工进度计划的基本组成单元。

单位工程施工进度计划的施工项目仅包括现场直接在建筑物上施工的施工过程，如砌筑、安装等，而构件制作和运输等施工过程，则不包括在内。但对于现场就地预制的钢筋混凝土构件的制作，不仅单独占有工期，且对其他施工过程的施工有影响，或构件的运输需要与其他施工过程的施工密切配合，因此仍需将这些制作和运输过程列入施工进度计划。

在确定施工项目时，应注意以下几个问题：

1）施工项目划分的粗细程度，应根据进度计划的需要来决定。一般对于控制性施工进度计划，施工项目可以划分得粗一些，通常只列出分部工程，如混合结构居住房屋的控制性施工进度计划，只列出基础工程、主体工程、屋面工程和装饰工程 4 个施工过程；对于实施性施工进度计划，施工项目划分要细一些，应明确到分项工程或更具体，以满足指导施工作业的要求，如屋面工程应划分为找平层、隔汽层、保温层、防水层等分项工程。

2）施工过程的划分要结合所选择的施工方案。例如，结构安装工程，若采用分件吊装方法，则施工过程的名称、数量和内容及其吊装顺序应按构件来确定；若采用综合吊装方法，则施工过程应按施工单元（节间或区段）来确定。

3）适当简化施工进度计划的内容，避免施工项目划分过细，重点不突出。可考虑将某些穿插性分项工程合并到主要分项工程中去，如门窗框安装可并入砌筑工程；而对于在同一时间内由同一施工班组施工的过程可以合并，如工业厂房中的钢窗油漆、钢门油漆、钢支撑油漆、钢梯油漆等可合并为钢构件油漆一个施工过程；对于次要的、零星的分项工程可合并为"其他工程"一项。

4）水、暖、电、卫和设备安装等专业工程不必细分具体内容，由各专业施工队自行编制计划并负责组织施工，而在单位工程施工进度计划中只要反映出这些工程与土建工程的配合关系即可。

5）所有施工项目应大致按施工顺序列成表格，编排序号避免遗漏或重复，其名称可参考现行施工定额手册上的项目名称。

2. 计算工程量

计算工程量是一项十分烦琐的工作，应根据施工图纸、有关计算规则及相应的施工方法进行计算。因为进度计划中的工程量仅用来计算各种资源需用量，不作为计算工资或工程结算的依据，故不必精确计算，直接套用施工预算的工程量即可。计算工程量应注意以下几个问题：

1）各分部分项工程的工程量计算单位应与采用的施工定额中相应项目的单位一致，以便计算劳动量及材料需用量时可直接套用定额，不再进行换算。

2）计算工程量时应结合选定的施工方法和安全技术要求，使计算所得工程量与施工实际情况相符合。例如，挖土时是否放坡，是否加工作面，坡度大小与工作面尺寸是多少；是否使用支撑加固，开挖方式是单独开挖、条形开挖，还是整片开挖，这些都直接影响基础土方工程量的计算。

3）结合施工组织的要求，分区、分段、分层计算工程量，以便组织流水作业。若每层、每段上的工程量相等或相差不大，则可根据工程量总数分别除以层数、段数，即可得每层、每段上的工程量。

4）如已编制预算文件，应合理利用预算文件中的工程量，以免重复计算。施工进度计划中的施工项目大多可直接采用预算文件中的工程量，可按施工过程的划分情况将预算文件中有关项目的工程量进行汇总。例如，"砌筑砖墙"一项的工程量，可首先分析它包括哪些内容，然后按其所包含的内容从预算工程量中摘抄出来并加以汇总求得。当施工进度计划中的某些施工项目与预算文件中的项目完全不同或局部有出入时（如计

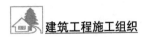

量单位、计算规则、采用定额不同等），应根据施工中的实际情况加以修改、调整或重新计算。

3. 套用施工定额

根据所划分的施工项目和施工方法，即可套用施工定额（当地实际采用的劳动定额及机械台班定额），以确定劳动量和机械台班量。

施工定额有两种形式，即时间定额和产量定额。时间定额是指某种专业、技术等级的工人小组或个人在合理的技术组织条件下，完成单位合格的建筑产品所必需的工作时间，一般用符号 H_i 表示，它的单位有工日/m³、工日/m²、工日/m、工日/t 等。因为时间定额以劳动工日数为单位，便于综合计算，故在劳动量统计中用得比较普遍。产量定额是指在合理的技术组织条件下，某种专业、技术等级的工人小组或个人在单位时间内所应完成合格的建筑产品的数量，一般用符号 S_i 表示，它的单位有 m³/工日、m²/工日、m/工日、t/工日等。因为产量定额通过建筑产品的数量来表示，具有形象化的特点，故在分配施工任务时用得比较普遍。时间定额和产量定额是互为倒数的关系。

套用国家或地方颁发的定额，必须注意结合本单位工人的技术等级、实际施工操作水平、施工机械情况和施工现场条件等因素，确定完成定额的实际水平，使计算出来的劳动量、机械台班量符合实际需要，为准确编制施工进度计划奠定基础。

有些采用新技术、新材料、新工艺或特殊施工方法的项目，施工定额手册中尚未编入，这时可参考类似项目的定额、经验资料，或按实际情况确定。

4. 确定劳动量和机械台班量

劳动量和机械台班量应根据各分部（分项）工程的工程量、施工方法和施工定额，并结合当地的具体情况加以确定。一般应按下式计算：

$$P = \frac{Q}{S} \tag{5-1}$$

或

$$P = QH \tag{5-2}$$

式中　P——完成某施工过程所需的劳动量（工日）或机械台班量（台班）；

　　　Q——某施工过程的工程量；

　　　S——某施工过程所采用的产量定额；

　　　H——某施工过程所采用的时间定额。

例如，已知某单层工业厂房的柱基坑土方量为 3240m³，采用人工挖土，每工产量定额为 3.9m³，则完成挖基坑所需劳动量为

$$P = \frac{Q}{S} = \frac{3240}{3.9} \approx 830（工日）$$

若已知时间定额为 0.256 工日/m³，则完成挖基坑所需劳动量为

$$P = QH = 3240 \times 0.256 \approx 830\,(\text{工日})$$

人们经常会遇到施工进度计划所列项目与施工定额所列项目的工作内容不一致的情况，具体处理方法如下：

1）若施工项目由两个或两个以上的同一工种，但材料、做法或构造都不同的施工过程合并而成，则可用其加权平均定额来确定劳动量或机械台班量。加权平均产量定额的计算可按下式进行：

$$\overline{S_i} = \frac{\sum\limits_{i=1}^{n} Q_i}{\sum\limits_{i=1}^{n} P_i} \tag{5-3}$$

$$\sum_{i=1}^{n} Q_i = Q_1 + Q_2 + \cdots + Q_n\,(\text{总工程量})$$

$$\sum_{i=1}^{n} P_i = \frac{Q_1}{S_1} + \frac{Q_2}{S_2} + \cdots + \frac{Q_n}{S_n}\,(\text{总劳动量})$$

式中　$\overline{S_i}$——某施工项目加权平均产量定额；

　　　Q_1，Q_2，$\cdots$，Q_n——同一工种但施工做法、材料或构造不同的各个施工过程的工程量；

　　　S_1，S_2，$\cdots$，S_n——与上述施工过程相对应的产量定额。

2）对于有些采用新材料、新工艺或特殊施工方法的施工项目，其定额在施工定额手册中未列入，可参考类似项目或实测确定。

3）对于"其他工程"项目所需劳动量，可根据其内容和数量，并结合施工现场的具体情况，以占总劳动量的百分比（一般为10%～20%）计算。

4）水、暖、电、卫设备安装等工程项目，一般不计算劳动量和机械台班需用量，仅安排与一般土建单位工程配合的进度。

5. 确定各项目的施工持续时间

施工项目的施工持续时间的计算方法，除前述的定额计算法和倒排计划法外，还有经验估计法。

施工项目的持续时间最好按正常情况确定，这时它的费用一般是较低的。待编制出初始进度计划并经过计算后再结合实际情况做必要的调整，这是避免因盲目抢工而造成浪费的有效办法。根据过去的施工经验并按照实际的施工条件来估算项目的施工持续时间是较为简便的办法，现在一般也多采用这种办法。这种办法多应用于采用新工艺、新技术、新材料等无定额可循的工种。在经验估计法中，有时为了提高其准确程度，往往用"三时估计法"，即先估计出该项目的最长、最短和最可能的 3 种施工持续时间，然

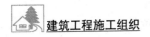

后据以求出期望的施工持续时间作为该项目的施工持续时间。其计算公式如下：

$$t = \frac{A + 4C + B}{6} \quad (5\text{-}4)$$

式中　t——项目施工持续时间；

　　　A——最长施工持续时间；

　　　B——最短施工持续时间；

　　　C——最可能施工持续时间。

6. 编制施工进度计划的初始方案

流水施工是组织施工、编制施工进度计划的主要方式，在第 2 章中已做了详细介绍。编制施工进度计划时，必须考虑各分部（分项）工程的合理施工顺序，尽可能组织流水施工，力求主要工种的施工班组连续施工，其编制方法如下：

1）对主要施工阶段（分部工程）组织流水施工。先安排其中主导施工过程的施工进度，使其尽可能连续施工，其他穿插施工过程尽可能与主导施工过程配合、穿插、搭接。例如，砖混结构房屋中的主体结构工程，其主导施工过程为砖墙砌筑和现浇钢筋混凝土楼板；现浇钢筋混凝土框架结构房屋中的主体结构工程，其主导施工过程为钢筋混凝土框架的支模、扎筋和浇筑混凝土。

2）配合主要施工阶段，安排其他施工阶段（分部工程）的施工进度。

3）按照工艺的合理性和施工过程间尽量配合、穿插、搭接的原则，将各施工阶段（分部工程）的流水作业图表搭接起来，即得到单位工程施工进度计划的初始方案。

7. 施工进度计划的检查与调整

检查与调整的目的在于使施工进度计划的初始方案满足规定的目标，一般从以下几方面进行检查与调整：

1）各施工过程的施工顺序是否正确，流水施工的组织方法应用得是否正确，技术间歇时间是否合理。

2）工期方面，初始方案的总工期是否满足合同工期。

3）劳动力方面，主要工种工人是否连续施工，劳动力消耗是否均衡。劳动力消耗的均衡性是针对整个单位工程或各个工种而言的，应力求每天出勤的工人人数不发生过大变动。

劳动力消耗的均衡情况通常用劳动力消耗动态图来表示。对于单位工程的劳动力消耗动态图，一般绘制在施工进度计划表右边表格部分的下方。劳动力消耗动态图 5-9 所示。

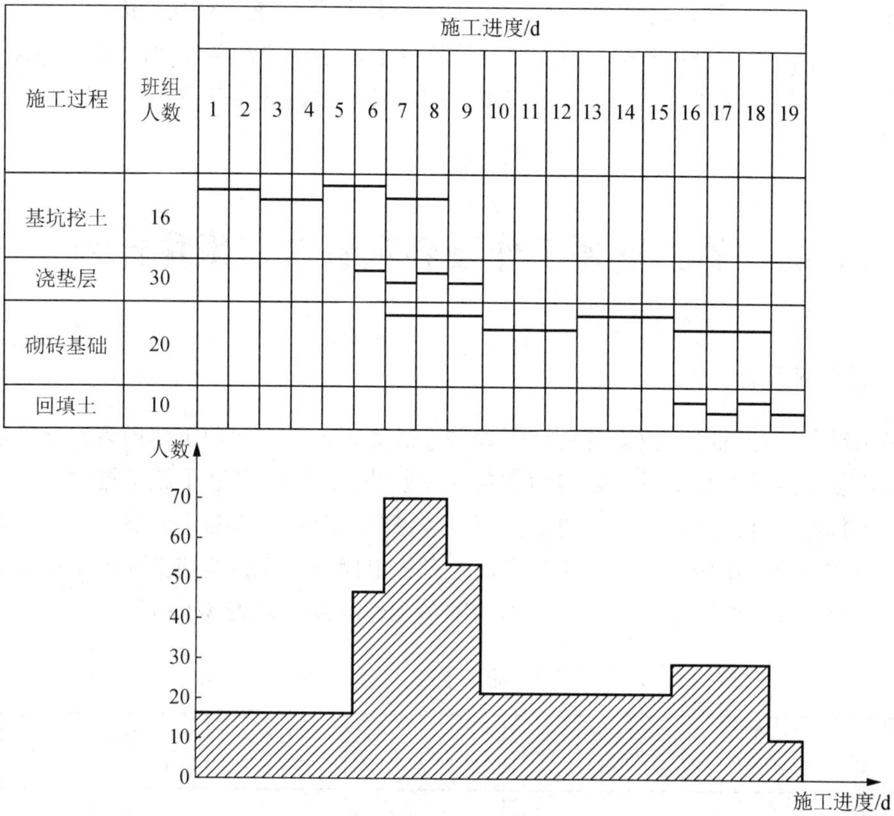

施工过程	班组人数	施工进度/d																		
		1	2	3	4	5	6	7	8	9	10	11	12	13	14	15	16	17	18	19
基坑挖土	16																			
浇垫层	30																			
砌砖基础	20																			
回填土	10																			

图 5-9 劳动力消耗动态图

劳动力消耗的均衡性指标可以采用劳动力均衡系数（K）来评估：

$$K = \frac{高峰出工人数}{平均出工人数} \tag{5-5}$$

式中 平均出工人数——每天出工人数之和除以总工期。

最为理想的情况是劳动力均衡系数 K 接近于 1。劳动力均衡系数应不大于 2，大于 2 则不正常。

4）物资方面，主要机械、设备、材料等的利用是否均衡，施工机械是否充分利用。主要机械通常是指混凝土搅拌机、灰浆搅拌机、自动式起重机和挖土机等。机械的利用情况是通过机械的利用程度来反映的。

检查初始方案后，须对不符合要求的部分进行调整。调整方法一般有增加或缩短某些施工过程的施工持续时间；在符合工艺关系的条件下，将某些施工过程的施工时间向前或向后移动。必要时，还可以改变施工方法。

应当指出，上述编制施工进度计划的步骤不是孤立的，而是互相依赖、互相联系的，

有的可以同时进行。建筑施工是一个复杂的生产过程，受周围客观条件影响的因素很多，在施工过程中，由于劳动力和机械、材料等物资的供应及自然条件等因素的影响，使其经常不符合原计划的要求，因此在工程进展中应随时掌握施工动态，经常检查，不断调整计划。

5.4　施工准备工作及各项资源需用量计划

5.4.1　施工准备工作计划

施工准备工作既是单位工程的开工条件，又是施工中的一项重要内容，开工之前必须为开工创造条件，开工以后必须为作业创造条件，因此它贯穿于施工过程的始终。施工准备工作应有计划地进行，为便于检查、监督施工准备工作的进展情况，使各项施工准备工作的内容有明确分工、专人负责，并有规定期限，可编制施工准备工作计划，并拟在施工进度计划编制完成后进行。施工准备工作计划表如表 5-1 所示。

表 5-1　施工准备工作计划表

序号	准备工作项目	工程量		简要内容	负责单位或负责人	起止日期		备注
		单位	数量			日/月	日/月	

施工准备工作计划是编制单位工程施工组织设计时的一项重要内容。在编制年度、季度、月度生产计划中也应一并考虑并做好贯彻落实工作。

5.4.2　各种资源需用量计划

单位工程施工进度计划编制确定以后，根据施工图纸、工程量计算资料、施工方案、施工进度计划等有关技术资料，着手编制劳动力需用量计划，各种主要材料、构件和半成品需用量计划及各种施工机械的需用量计划。这些需用量计划不仅可以明确各种技术工人和各种技术物资的需用量，而且是做好劳动力与物资的供应、平衡、调度、落实的依据，还是施工单位编制月、季生产作业计划的主要依据之一。它们是保证施工进度计划顺利执行的关键。

1. 劳动力需用量计划

劳动力需用量计划主要作为安排劳动力的平衡、调配和衡量劳动力耗用指标、安排生活福利设施的依据。其是将施工进度计划表内所列各施工过程每天（或旬、月）所需工人人数按工种汇总而得的，如表 5-2 所示。

表 5-2　劳动力需用量计划表

序号	工种名称	需要人数	××月			××月			备注
			上旬	中旬	下旬	上旬	中旬	下旬	

2. 主要材料需用量计划

主要材料需用量计划是备料、供料和确定仓库、堆场面积及组织运输的依据。其是将施工进度计划表中各施工过程的工程量按材料名称、规格、数量、使用时间计算汇总而得的，如表 5-3 所示。

表 5-3　主要材料需用量计划表

序号	材料名称	规格	需用量		需要时间						备注
			单位	数量	××月			××月			
					上旬	中旬	下旬	上旬	中旬	下旬	

当某分部（分项）工程由多种材料组成时，应按各种材料分类计算，如混凝土工程应换算成水泥、砂、石、外加剂和水的数量列入表格。

3. 构件和半成品需用量计划

建筑结构构件、配件和其他加工半成品的需用量计划主要用于落实加工订货单位，并按照所需规格、数量、时间组织加工、运输和确定仓库或堆场，可根据施工图和施工进度计划编制，如表 5-4 所示。

4. 施工机械需用量计划

施工机械需用量计划主要用于确定施工机械的类型、数量、进场时间，可据此落实施工机械来源，组织进场。将单位工程施工进度计划表中的每一个施工过程每天所需的机械类型、数量和施工日期进行汇总，即得施工机械需用量计划，如表 5-5 所示。

表 5-4　构件和半成品需用量计划表

序号	构件、半成品名称	规格	图号、型号	需用量		使用部位	制作单位	供应日期	备注
				单位	数量				

表 5-5　施工机械需用量计划表

序号	机械名称	型号	需用量		现场使用起止时间	机械进场或安装时间	机械退场或拆卸时间	供应单位
			单位	数量				

5.5　单位工程施工平面图设计

　　施工平面图既是布置施工现场的依据，又是施工准备工作的一项重要依据，它是实现文明施工、节约并合理利用土地、减少临时设施费用的先决条件。因此，施工平面图是施工组织设计的重要组成部分。施工平面图不仅要在设计时周密考虑，而且要认真贯彻执行，这样才会使施工现场井然有序，施工顺利进行，保证施工进度，提高效率和经济效果。

　　一般单位工程施工平面图的绘制比例为（1∶500）～（1∶200）。

5.5.1　单位工程施工平面图的设计依据、内容和原则

　　1. 设计依据

　　单位工程施工平面图的设计依据是建筑总平面图、施工图纸、现场地形图、水源和电源情况、施工场地情况、可利用的房屋及设施情况、自然条件和技术经济条件的调查资料、施工组织总设计、本工程的施工方案和施工进度计划、各种资源需用量计划等。

　　2. 设计内容

　　1）已建和拟建的地上、地下的一切建筑物、构筑物及其他设施（道路和各种管线等）的位置和尺寸。

　　2）测量放线标桩位置、地形等高线和土方取弃场地。

3）自行式起重机的开行路线、轨道式起重机的轨道布置和固定式垂直运输设备位置。

4）各种搅拌站、加工厂及材料、构件、机具的仓库或堆场。

5）生产和生活用临时设施的布置。

6）一切安全及防火设施的位置。

3. 设计原则

1）在保证施工顺利进行的前提下，现场布置紧凑，占地要少，不占或少占农田。

2）临时设施要在满足需要的前提下，减少数量，降低费用，实现途径是利用已有的，多用装配的，认真计算，精心设计。

3）合理布置现场的运输道路及加工厂、搅拌站和各种材料、机具的堆场或仓库位置，尽量做到短运距、少搬运，从而减少或避免二次搬运。

4）利于生产和生活，符合环保、安全和消防要求。

5.5.2　单位工程施工平面图的设计步骤

单位工程施工平面图的设计步骤如图 5-10 所示。

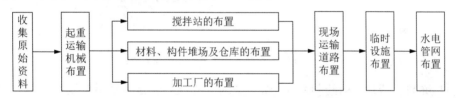

图 5-10　单位工程施工平面图的设计步骤

1. 起重运输机械的布置

起重运输机械的位置直接影响搅拌站、加工厂及各种材料、构件的堆场或仓库等位置和道路、临时设施及水、电管线的布置等，因此它是施工现场全局的中心环节，应首先确定。各种起重机械的性能不同，其布置位置也不相同。

（1）固定式垂直运输机械的位置

固定式垂直运输机械有井架、龙门架、桅杆等，这类设备的布置主要根据力学性能、建筑物的平面形状和尺寸、施工段划分的情况、材料来源和已有运输道路情况而定。其布置原则是充分发挥起重机械的能力，并使地面和楼面的水平运距最小。布置时应考虑以下几个方面：

1）当建筑物各部位的高度相同时，应布置在施工段的分界线附近；当建筑物各部位的高度不同时，应布置在高低分界线较高部位一侧，以使楼面上各施工段的水平运输互不干扰。

2）井架、龙门架的位置以布置在窗口处为宜，以避免砌墙留槎和减少井架拆除后

的修补工作。

3）井架、龙门架的数量要根据施工进度、垂直提升构件和材料的数量、台班工作效率等因素计算确定，其服务范围一般为 50～60m。

4）卷扬机的位置不应距离起重机械过近，以便司机的视线能够看到整个升降过程。一般要求此距离大于建筑物的高度，水平距外脚手架 3m 以上。

（2）有轨式起重机的轨道布置

有轨式起重机的轨道一般沿建筑物的长向布置，其位置和尺寸取决于建筑物的平面形状和尺寸、构件自重、起重机的性能及四周施工场地的条件。通常轨道布置方式有两种：单侧布置、双侧布置（或环状布置）。当建筑物宽度较小、构件自重不大时，可采用单侧布置方式；当建筑物宽度较大，构件自重较大时，应采用双侧布置（或环形布置）方式，如图 5-11 所示。

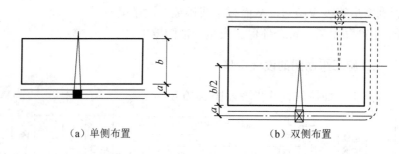

（a）单侧布置　　　　　　　　　　（b）双侧布置

图 5-11　轨道式起重机在建筑物外侧布置示意图

轨道布置完成后，应绘制塔式起重机的服务范围。它是以轨道两端有效端点的轨道中点为圆心，以最大回转半径为半径画出两个半圆，连接两个半圆，即为塔式起重机服务范围。塔式起重机服务范围之外的部分称为死角。

在确定塔式起重机服务范围时，一方面要考虑将建筑物平面包括在塔式起重机服务范围之内，以确保各种材料和构件直接吊运到建筑物的设计部位中，尽可能避免死角，如果确实难以避免，则要求死角范围越小越好，同时在死角上不出现吊装最重、最高的构件，并且在确定吊装方案时提出具体的安全技术措施，以保证死角范围内的构件顺利安装。为了解决这一问题，有时还将塔式起重机与井架或龙门架同时使用，但要确保塔式起重机回转时无碰撞的可能，以保证施工安全。另一方面，在确定塔式起重机服务范围时，还应考虑有较宽敞的施工用地，以便安排构件堆放及搅拌出料进入料斗后能直接挂钩起吊。主要临时道路也宜安排在塔式起重机服务范围之内。

（3）无轨自行式起重机的开行路线

无轨自行式起重机械分为履带式起重机、轮胎式起重机、汽车式起重机 3 种。它一般不用作水平运输和垂直运输，专门用作构件的装卸和起吊。吊装时的开行路线及停机位置主要取决于建筑物的平面布置、构件自重、吊装高度和吊装方法等。

2. 搅拌站、加工厂及材料、构件的堆场或仓库的布置

搅拌站、材料、构件的堆场或仓库的位置应尽量靠近使用地点或在塔式起重机服务范围之内，并考虑运输和装卸的方便性。

1）当起重机的位置确定后，再布置材料、构件的堆场及搅拌站。材料堆放应尽量靠近使用地点，减少或避免二次搬运，并考虑运输及卸料方便。基础施工时使用的各种材料可堆放在基础四周，但不宜距基坑（槽）边缘太近，以防压塌土壁。

2）当采用固定式垂直运输设备时，材料、构件堆场应尽量靠近垂直运输设备，以缩短地面水平运距；当采用塔式起重机时，材料、构件堆场及搅拌站出料口等均应布置在塔式起重机有效起吊服务范围之内；当采用无轨自行式起重机时，材料、构件堆场及搅拌站的位置，应沿着起重机的开行路线布置，且应在起重臂的最大起重半径范围之内。

3）预制构件的堆放位置要考虑吊装顺序，即先吊装的预制构件放在上面，后吊装的预制构件放在下面。预制构件的进场时间应与吊装就位位置密切配合，力求直接卸到其就位位置，避免二次搬运。

4）搅拌站的位置应尽量靠近使用地点或靠近垂直运输设备。有时在浇筑大型混凝土基础时，为了减少混凝土运输，可将混凝土搅拌站直接设在基础边缘，待基础混凝土浇完后再转移。砂、石堆场及水泥仓库应紧靠搅拌站布置。同时，搅拌站的位置还应考虑使这些大宗材料的运输和装卸较为方便。

5）加工厂（如木工棚、钢筋加工棚）的位置，宜布置在建筑物四周稍远位置，且应有一定的材料、成品的堆放场地；石灰仓库、淋灰池的位置应靠近搅拌站，并设在下风向；沥青堆放场及熬制锅的位置应远离易燃物品，也应设在下风向。

3. 现场运输道路的布置

现场运输道路应按材料和构件运输的需要，沿仓库和堆场进行布置。尽可能利用永久性道路，或先做好永久性道路的路基，在交工之前再铺路面。

（1）施工道路的技术要求

1）道路的最小宽度及最小转弯半径：通常汽车单行道路宽应不小于 3.5m，转弯半径不小于 12m；双行道路宽应不小于 6.0m，转弯半径不小于 12m。

2）架空线及管道下面的道路，其通行空间宽度应比道路宽度宽 0.5m，空间高度应大于 4.5m。

（2）临时道路路面种类和做法

为排除路面积水，道路路面应高出自然地面 0.1～0.2m，雨量较大的地区应高出 0.5m 左右，道路两侧一般应结合地形设置排水沟，沟深不小于 0.4m，底宽不小于 0.3m。临时道路路面种类和做法如表 5-6 所示。

表 5-6 临时道路路面种类和做法

路面种类	特点及使用条件	路基土壤	路面厚度/cm	材料配合比
级配砾石路面	雨天能通车,可通行较多车辆,但材料级配要求严格	砂质土	10～15	体积比:黏土:砂:石子=1:0.7:3.5 面层:黏土13%～15%,砂石料85%～87% 底层:黏土10%,砂石混合料90%
		黏质土或黄土	14～18	
碎(砾)石路面	雨天能通车,碎砾石本身含土多,不加砂	砂质土	10～18	碎(砾)石>65%,当地土含量≤35%
		砂质土或黄土	15～20	
碎砖路面	可维持雨天通车,通行车辆较少	砂质土	13～15	垫层:砂或炉渣4～5cm 底层:7～10cm碎砖 面层:2～5cm碎砖
		黏质土或黄土	15～18	
炉渣或矿渣路面	可维持雨天通车,通行车辆较少	一般土	10～15	炉渣或矿渣75%,当地土25%
		较松软时	15～30	
砂土路面	雨天停车,通行车辆较少	砂质土	15～20	粗砂50%,细砂、风沙和黏质土50%
		黏质土	15～30	
风化石屑路面	雨天停车,通行车辆较少	一般土	10～15	石屑90%,黏土10%
石灰土路面	雨天停车,通行车辆较少	一般土	10～13	石灰10%,当地土90%

（3）施工道路的布置要求

现场运输道路布置时应保证车辆行驶通畅,且能通到各个仓库及堆场,最好围绕建筑物布置成一条环形道路,以便运输车辆回转、调头方便。现场运输道路布置要满足消防要求,使车辆能直接开到消防栓处。

4. 行政管理、文化生活、福利用临时设施的布置

办公室、工人休息室、门卫室、开水房、食堂、浴室、厕所等非生产性临时设施的布置,应考虑使用方便,不妨碍施工,符合安全、卫生、防火的要求。要尽量利用已有设施或已建工程,必须修建时要经过计算,合理确定面积,努力节约临时设施费用。通常,办公室的布置应靠近施工现场,宜设在工地出入口处;工人休息室应设在工人作业区,宿舍应布置在安全的上风向;门卫、收发室宜布置在工地出入口处。具体布置时房屋面积可参考表 5-7。

表 5-7 行政管理、临时宿舍、生活福利用临时房屋面积参考表

序号	临时房屋名称	单位	参考面积
1	办公室	m²/人	3.5
2	单层宿舍（双层床）	m²/人	2.6～2.8
3	食堂兼礼堂	m²/人	0.9
4	医务室	m²/人	0.06（≥30）

序号	临时房屋名称	单位	参考面积
5	浴室	m²/人	0.10
6	俱乐部	m²/人	0.10
7	门卫、收发室	m²/人	6～8

5. 水、电管网的布置

（1）施工供水管网的布置

施工供水管网首先要经过计算、设计，然后进行设置，其中包括水源选择、用水量计算（包括生产用水、机械用水、生活用水、消防用水等）、取水设施、储水设施、配水布置、管径的计算等。

1）单位工程施工组织设计的供水计算和设计可以简化或根据经验进行安排，一般 5000～10000m² 的建筑物，施工用水的总管径为 100mm，支管径为 40mm 或 25mm。

2）消防用水一般利用城市或建设单位的永久消防设施。如自行安排，则应按有关规定设置，消防水管线的直径不小于 100mm，消火栓间距不大于 120m，布置应靠近十字路口或道边，距道边应不大于 2m，距建筑物外墙应不小于 5m，也应不大于 25m，且应设有明显的标志，周围 3m 以内不准堆放建筑材料。

3）高层建筑的施工用水应设置蓄水池和加压泵，以满足高空用水的需要。

4）管线布置应使线路长度短，消防水管和生产、生活用水管可以合并设置。

5）为了排出地表水和地下水，应及时修通下水道，并与永久性排水系统相结合，同时，根据现场地形，在建筑物周围设置排出地表水和地下水的排水沟。

（2）施工用电线网的布置

施工用电的设计应包括用电量计算、电源选择、电力系统选择和配置。用电量包括电动机用电量、电焊机用电量、室内和室外照明容量等。对于扩建的单位工程，可计算施工用电总数，请建设单位解决，不另设变压器；对于单独的单位工程施工，要计算现场施工用电和照明用电的数量，选择变压器和导线的截面及类型。变压器应布置在现场边缘高压线接入处，距地面高度应大于 35cm，直径 2m 的范围用高度大于 1.7m 钢丝网围住，以确保安全，但不宜布置在交通要道口处。

必须指出，建筑施工是一个复杂多变的生产过程，各种材料、构件、机械等随着工程的进展而逐渐进场，又随着工程的进展而消耗、变动，因此，在整个施工生产过程中，现场的实际布置情况是在随时变动的。对于大型工程、施工期限较长的工程或现场较为狭窄的工程，需要按不同的施工阶段分别布置几张施工平面图，以便将不同的施工阶段内现场的合理布置情况全面地反映出来。

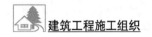

5.6 单位工程施工组织设计实例

5.6.1 工程概况

1. 工程建设概况

某电力生产调度楼工程为全框架结构，建筑面积为 13000m^2，总投资为 3680 万元。本工程为地下 1 层，地上 18 层，各层层高和用途如表 5-8 所示。

表 5-8 各层层高和用途

层次	层高/m	用途
地下室	4.3	水池泵房
1～3 层	4.8	商场、营业厅、会议室
4～12 层	3.3	办公室、接待室
13～17 层	3.3	电力生产调度中心
18 层	5.6	电力生产调度中心

工期：2011 年 1 月 1 日开工，2012 年 3 月 20 日竣工。合同工期为 15 个月。

2. 建筑设计特点

内隔墙：地下室为黏土实心砖，地上为轻质墙（泰柏板）。

防水：地下室地板、外墙做刚性防水，屋面为柔性防水。

楼地面：1～3 层为花岗岩地面，其余均为柚木地板。

外装饰：正立面局部设隐框蓝玻璃幕墙，其余采用白釉面砖及锦砖。

顶棚装饰：全部采用轻钢龙骨石膏板及矿棉板吊顶。

内墙装饰：1～3 层为墙纸，其余均为乳胶漆。

门窗：入口门为豪华防火防盗门，分室门为夹板门，外门窗为白色铝合金框配白玻璃。

3. 结构设计特点

基础采用 ϕ750mm 钻孔灌注桩承载，桩基础已施工完成多年，原设计时无地下室，故桩顶高程为-2.00m，现增加地下室 1 层，基础底高程为-6.08m，底板厚 1.45m，灌注桩在开挖后尚须进行动测检验，合格后方可继续施工。地下室为全现浇钢筋混凝土结构，全封闭外墙形成箱形基础，混凝土强度等级为 C40，抗渗等级 P8。

工程结构类型为框架剪力墙结构体系，抗震设防烈度为 7 度，相应框架梁、柱均按二级抗震等级设计。外墙采用190mm厚非承重黏土空心砖墙。

4．工程施工特点

1）地基条件差，地下水位高，利用原已施工的ϕ750mm钻孔灌注桩尚须进行动测检验，桩间挖土效率低，截桩工程量大。

2）五层以下及箱形基础混凝土强度等级为C50，原材料质量要求高。由于水泥用量大，水化热高，引起底板大体积混凝土裂缝。

3）工期紧，且跨两个冬季。

5．水源

由城市自来水管网引入。

6．电源

由场外引入场内变压器。

5.6.2　工程项目经理部的组建

工程项目经理部的组织机构如图5-12所示。

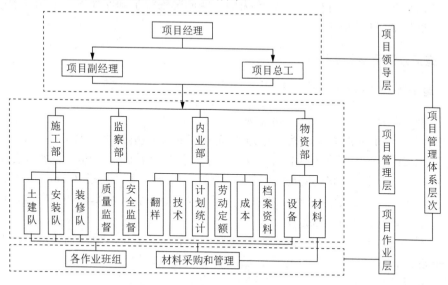

图5-12　工程项目经理部的组织机构

5.6.3　施工方案

1．确定施工流程

根据本工程的特点，可将其划分为4个施工阶段：地下工程、主体结构工程、围护

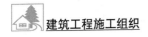

工程和装饰工程。

2. 确定施工顺序

（1）地下工程

基坑降水→土方开挖→截桩→灌注桩动测→浇底板垫层→绑扎底板钢筋→立底板模板→在底板顶悬立 200mm 剪力墙模板→在外墙、剪力墙底 200mm 处安装钢板止水片→浇筑底板混凝土→扎墙柱钢筋→立墙柱模板→浇筑墙柱混凝土→绑扎±0.00 梁、板钢筋，浇筑混凝土→外墙防水→地下室四周回填土。

（2）主体结构施工顺序

在同一层中：弹线→绑扎墙柱钢筋、安装预埋件→立柱模、浇筑柱混凝土→立梁、板及内墙模板→浇筑内墙混凝土→绑扎梁、板钢筋→浇筑梁、板混凝土。

（3）围护工程的施工顺序

围护工程包括墙体工程（搭设脚手架、砌筑墙体、安装门窗框）、屋面工程（找平层施工、防水层施工、隔热层施工）等内容。

不同的分项工程之间可组织平行、搭接、立体交叉流水作业，屋面工程、墙体工程、地面工程应密切配合，外脚手架的架设应配合主体工程的施工，并在做散水之前拆除。

（4）装饰工程施工顺序

施工流向为室外装饰自上而下；室内同一空间装饰施工顺序如下：顶棚→墙面→地面；内外装饰同时进行。

5.6.4 施工方法及施工机械

1. 施工降水与排水

（1）施工降水

1）本工程地下室混凝土底板尺寸为 25.6m×25.8m，现有地面高程为 14.8m，基底开挖高程为 9.62m，开挖深度为 5.17m。地下水位于地表下 0.5～1.0m，属潜水型。根据工程地质报告，计划采用管井降水。计划管井深 13.0m，管井直径 0.8m，滤水管直径 0.6m。经设计计算管井数为 8 个，滤水管长度为 3.03m。管井沿基坑四周布置，可将地下水位降至基坑底部以下 1.0m。

2）管井的构造：下部为沉淀管，上部为不透水混凝土管，中部为滤水管；滤水管采用 ϕ600mm 混凝土无砂管，外包密眼尼龙砂布一层；在井壁与滤水管之间填 5～10mm 的石子作为反滤料，在井壁与不透水混凝土管之间用黏土球填实。

3）降水设备及排水管布置：降水设备采用 QY-25 型潜水泵 10 台，8 台正常运行，2 台备用。该设备流量为 15m³/h，扬程为 25m，出水管直径约为 5.08cm。井内排水管采用直径约为 5.08cm 的橡胶排水管，井外排水管网的布置，可根据市政下水道的位置采用就近布置与下水道相连的方案。

4）管井的布置如图 5-13 所示。

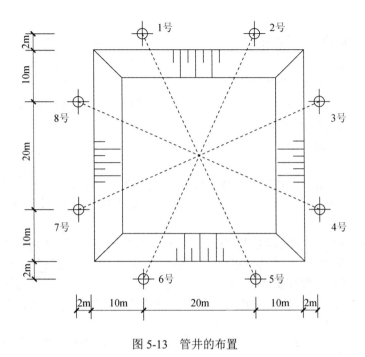

图 5-13　管井的布置

（2）施工排水

本工程因基础挖深大，基础施工期较长，故要考虑因雨雪天而引起的地表水的排水问题，可在基坑四周开挖截水沟；在基坑底部四周布置环向排水沟，并设置集水井由潜水泵排至基坑上截水沟，再排至市政下水道。

2. 土方工程

地下室土方开挖深度约 5.0m，分两层开挖，开挖边坡采用 1∶1 的比例。土方除部分留在现场做回填土外，其余用自卸汽车运至场外。第一层开挖深度约 1.5m，位于灌注桩顶，用反铲挖掘机开挖；第二层开挖深度约 3.5m，为桩间掏土，采用机械与人工配合的施工方法施工，机械挖桩之间的土，人工清理桩周围的土，机械施工时要精心，不能碰桩和钢筋。

3. 截桩与动测检验

对于桩上部的截除，采用人工施工，配以空气压缩机、风镐等施工机具，以提高截桩效率。桩截除后，用 25t 汽车式起重机吊出基坑，装入汽车运至弃桩处。

截桩完毕后，及时聘请科研单位对桩基进行动测检验。

4. 混凝土结构工程

（1）模板工程

1）地下室底板模：采用钢模板，外侧用围檩加斜撑固定，内侧用短钢筋点焊在底

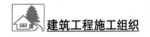

板钢筋上。

2）地下室外墙模板：采用九合板制作，背枋用木方，围檩由两根ϕ48钢管和止水螺杆组成，内面用活动钢管顶撑在底板上并用预埋钢筋固定，外侧活动钢管顶撑。

3）内墙模板：内墙模板在绑扎钢筋前先支立一面模板，待扎完钢筋后再支另一面，其材料和施工方法同地下室外墙，墙两侧均用活动钢管顶撑支撑，采用ϕ20PVC管内穿ϕ12的钢螺杆拉结，以便螺杆的周转使用。

4）柱模及梁板模采用夹板、木方现场支立。

（2）钢筋工程

1）底板钢筋：地下室底板为整体平板结构，沿墙、柱轴线双向布置钢筋形成暗梁。绑扎时暗梁先绑，板钢筋后穿。施工时采用ϕ32钢筋和75×8角钢支架对上层钢筋进行支撑固定。

2）墙、柱钢筋：严格按照图纸配筋，非标准层每次竖一层，标准层均为每次竖两层；内墙全高有3次收缩（每次100mm），钢筋接头按1∶6斜度进行弯折。

3）梁、板钢筋：框架梁钢筋绑扎时，其主筋应放在柱立筋内侧。板筋多为双层且周边悬挑长度较大，为固定上层钢筋的位置，在两层钢筋中间垫ϕ12@1000mm自制马凳筋以保证其位置准确。

4）钢筋接头：水平向钢筋采用闪光对焊、电弧焊，钢筋竖向接头采用电渣压力焊。ϕ20以下钢筋除图纸要求焊接外均采用绑扎接头。

（3）混凝土工程

本工程各楼层混凝土强度等级分布如表5-9所示。

表5-9　各楼层结构混凝土强度等级

强度等级	剪力墙与柱	梁与板
C50	地下室底板至5层	—
C40	6～8层	—
C30	9～18层	1～18层
C20	构造柱、圈梁和过梁	

1）材料：采用52.5级普通硅酸盐水泥；砂石骨料的选用原则是，就地取材，要求质地坚硬、级配良好，石子的含泥量控制在1%以下，砂中的含泥量控制在3%以下，细度模数在2.6～2.9；外加剂采用AJ-G1高效高强减水剂，掺量为水泥质量的4%。

材料进场后应做下列检验：水泥体积安定性、活性等检验；砂细度检验；石子压碎指标、级配试验；外加剂与水泥的适应性试验。

2）C50大体积混凝土的配合比如表5-10所示。

3）混凝土：由于混凝土浇筑量大，因此选用两台JS500型强制式搅拌机搅拌，砂石料用装载机上料、两台PL800型配料机计算机自动计量，减水剂由专人用固定容器投放。混凝土运输采用一台QTZ40D型塔式起重机，以确保计量准确，快速施工，保证浇筑质量。

表 5-10　C50 大体积混凝土的配合比

材料名称	水泥/kg	砂/kg	石/kg	水/kg	AJ-G1/kg
材料用量	482	550	1285	164	19.28
配合比	1	1.14	2.66	0.34	0.04

4）混凝土浇筑：在保证结构整体性的原则下，根据减少约束的要求，混凝土底板的浇筑确定采用阶梯式分层（≤500mm）浇筑法施工，用插入式振捣器振捣，表面用平板振动器振实。由于底板混凝土的强度等级为 C50，且属于大体积混凝土，混凝土内部最高温度高，为防止混凝土表面出现温度裂缝，通过热工计算，决定采用在混凝土表面和侧面覆盖两层草袋和一层塑料薄膜进行保温，可确保混凝土内外温差小于 25℃。为进一步核定数据，本工程设置了 9 个测温区测定温度，测温工作由专人负责每 2h 测一次，同时测定混凝土表面大气温度，测温采用热电偶温度计，最后整理存档。

对于墙、柱混凝土，应分层浇捣，底部每层高度应不超过 400mm、时间间隔 0.5h，用插入式振捣器振捣。

对于梁、板混凝土的浇筑，除采用插入式振捣器振捣外，还可采用钢制小马凳作为厚度控制的标志，马凳间距为 2500mm，表面用平板振动器振实，然后整平扫毛。

在施工缝处继续浇筑混凝土时，必须待已浇筑的混凝土强度达到 1.2MPa，并清除浮浆及松动的石子，然后铺厚度为 50mm 与混凝土中砂浆成分相同的水泥砂浆，仔细振捣密实，使新旧混凝土结合紧密。

5）混凝土养护：底板大体积混凝土表面和侧面覆盖两层草袋和一层塑料薄膜保温 14d，其他梁、板、柱、墙混凝土浇水养护 7d。养护期间应保证构件表面充分湿润。

5．脚手架工程

（1）外脚手架

1～3 层外脚手架直接从夯实的地面上搭设。

4～18 层外脚手架，经方案比较后，决定采用多功能提升外脚手架体系。

1）脚手架部分：为双挑外脚手架，采用 ϕ48 普通钢管扣成，脚手架全高为四层楼高（即 13.2 m），共 8 步，每步高 1650mm。第一步用钢管扣件搭成双排承重桁架，两端支承在承力架上，脚手架有导向拉固圈及临时拉结螺栓与建筑物相连。

2）提升部分：提升机具采用 10t 电动葫芦 16 台，提升速度为 60～100mm/min，提升机安装在斜拉式三脚架上，承力三脚架与框架梁、柱紧固，形成群机提升体系。

3）安装工艺：预埋螺栓→承力架安装并抄平→立杆→安装承重架上、下弦管并使下弦管在跨中起拱 30mm→安装桁架斜横管→安装桁架横距间三把剪刀撑→桁架上、下弦杆处水平支撑→逐步搭设普通脚手架→铺跳板，设护栏及安全网。

4）提升：做好提升前技术准备、组织准备、物资准备、通信联络准备工作，向操

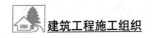

作人员做好技术交底和安全交底；在提升前拆除提升机上部一层之内两跨间连接的短钢管，挂好倒链，拉紧吊钩；然后拆除承力架、拉杆与结构柱、梁间的紧固螺栓，并拆除临时拉固螺栓；最后由总指挥按监视员的报告统一发令提升，提升到位后安装螺栓和拉杆，并把承力架和提升机吊至上层固定好为下次提升做好准备。提升一层在 1.5～2 h 完成。

（2）内脚手架

内脚手架采用工具式脚手架。

6. 砌体工程

外墙一律采用 19mm 厚非承重黏土空心砖砌筑，每日砌筑高度不大于 2.4m。砌体砌到梁底一皮后应隔天再砌，并采用实心砖砌块斜砌塞紧。

砌块砌筑时应与预埋水管、电管相配合，墙体砌好后用切割机在墙体上开槽安装水管、电管，安装好后用砂浆填塞，抹灰前加铺点焊网（出槽不小于 100mm）。

所有砌块与钢筋混凝土墙、柱接头处，均须在浇筑混凝土时预埋圈、过梁抽筋及墙拉结筋，门窗洞口、墙体转角处及超过 6m 长的砌块墙每隔 3m 设一道构造柱以加强整体性。

所有不同墙体材料连接处抹灰前加铺宽度大小于 300mm 的点焊网，以减少因温差而引起的裂缝。

7. 防水工程

（1）地下室底板防水

防水层做在承台以下、垫层以上的迎水面，施工时待 C15 混凝土垫层做好 24h 后清理干净，用防水涂料与洁净的砂按 1：1.5 调成砂浆抹 15mm 厚防水层，施工时基底应保持湿润。防水层施工 12h 后做 25mm 厚砂浆保护层。

（2）地下室外墙防水

1）基层处理：地下室外墙应振捣密实，混凝土拆模后应进行全面检查，对于基层的浮物、松散物及油污应用钢丝刷清除，孔洞、裂缝先用凿子剔成宽 20mm、深 25mm 的沟，再用 1：1 防水涂料砂浆补好。

2）施工缝处理：沿施工缝开凿宽 20mm、深 25mm 的槽，用钢丝刷刷干净，并用砂浆填补后抹平，12h 后用聚氨酯涂料刷两遍做封闭防水。

3）止水螺杆孔：先将固定模板用的止水螺杆孔周围开凿成直径 50mm、深 20mm 的槽穴，处理方法同施工缝。

4）防水层：在冲洗干净后的墙上（70%的湿度）用防水涂料与水按 1：0.7 调成浆液涂刷第一遍防水层；3h 后用防水涂料与水按 1：0.5 配成稠浆刮补气泡及其他孔隙处，再用防水涂料与水按 1：1 浆液涂刷第二遍防水层；4～6h 后用 1：0.7 浆液涂刷第三遍防水层；3h 后用 1：0.5 稠浆刮补薄弱的地方，接着用 1：1 浆液涂刷第四遍防水；6h 后用 107 胶拌水泥素浆喷浆，然后做 25mm 厚砂浆保护层。以上各道工序完成后，视温度用喷雾养护，以保证质量。

5）屋面防水：屋面防水必须待穿屋面管道装完后才能开始，其做法是先对屋面进行清理，然后做砂浆找平层，待找平层养护两昼夜后刷两遍防水涂料（1∶1）涂料，四周刷至电梯屋面机房墙及女儿墙上 500mm。

8. 屋面工程

屋面按要求做完防水及保护层后即做 1∶8 水泥膨胀珍珠岩找坡层，其坡向应明显。找坡层做好养护 3 d 后开始做面层找平层，然后做防水层，之后做架空隔热层。

9. 柚木底板工程

（1）准备工作

1）检查水泥地面有无空鼓现象，如有应先返修。

2）认真清理砂浆面层上的浮灰、尘砂等。

3）选好地板，对色差大、扭曲或有节疤的板块予以剔除。

（2）铺粘

1）胶粘剂配合比为 107 胶∶普通硅酸盐水泥∶高稠度乳胶=0.8∶1∶10，胶粘剂应随配随用。

2）用湿毛巾清除板块背面灰尘。

3）铺粘过程中，用刷子均匀铺刷胶粘剂，每次刷 0.4m，厚度为 1.5mm 左右，板块背面满刷胶粘剂，两手用力挤压，直至胶液从接缝中挤出为止。

4）板块铺粘时留 5 mm 的间隙，以避免温度、湿度变化引起板块膨胀、起鼓。

5）每铺完一间，封闭保护 3 d 后才能行人，且不得有冲击荷载。

6）严格控制磨光时间，在干燥气候下，7 d 左右可开磨，阴雨天酌情延迟。

10. 门窗工程

（1）铝合金门窗

外墙刮糙完成后开始安装铝合金框。安装前在每樘窗下弹出水平线，使铝窗安装在一个水平标高上；在刮糙完成的外墙上吊出门窗中线，使上下门窗在一条垂直线上。框与墙之间的缝隙采用沥青砂浆或沥青麻丝填塞。

（2）隐框玻璃幕墙

工艺流程：放线→固定支座安装→立梃和横梁安装→玻璃装配组件安装→密封及四周收口处理→检查及清洁。

1）放线及固定支座安装：幕墙施工前放线检查主体结构的垂直与平整度，同时检查预埋铁件的位置标高，然后安装支座。

2）立梃和横梁安装：立梃骨架安装从下向上进行，立梃骨架接长，用插芯接件穿入立梃骨架中连接，立梃骨架用钢角码连接件与主体结构预埋件先点焊连接，每一道立梃安装好后用经纬仪校正，然后满焊做最后固定。横梁与立梃骨架采用角铝连接件。

3）玻璃装配组件的安装：玻璃装配组件的安装由上往下进行，组件应相互平齐、间隙一致。

4）密封及四周收口处理：先对密封部位进行表面清洁处理，达到组件间表面干净，无油污存在。

放置泡沫杆时不应过深或过浅。注入密封耐候胶的厚度取两板间胶缝宽度的一半。密封耐候胶与玻璃、铝材应粘结牢固，胶面平整光滑，最后撕去玻璃上的保护胶纸。

11．装饰工程

（1）顶棚抹灰

采用刮水泥腻子代替水泥砂浆抹灰层，其操作要点如下：

1）基层清理干净，凿除凸出部分的混凝土，蜂窝或凹进部分用 1∶1 水泥砂浆补平，露出顶棚的钢筋头、铁钉刷两遍防锈漆。

2）沿顶棚与墙阴角处弹出墨线作为控制抹灰厚度的基准线，同时可确保阴角的顺直。

3）水泥腻子用 42.5 级水泥∶107 胶∶碳酸钙∶甲基纤维素=1∶0.33∶1.66∶0.08（质量比）专人配置，随配随用。

4）刮腻子两遍成活，第一遍为粗平，厚 3mm 左右，待干后刮第二遍，厚 2mm 左右。

5）7d 后磨砂纸、细平、进行油漆工序施工。

（2）外墙仿石砖饰面

1）材料。

仿石砖：规格为 40 mm×250 mm×15 mm，表面为麻面，背面有凹槽，两侧边呈波浪形。

胶粘剂：超弹性石英胶粘剂（H40），外观为白色或灰色粉末，有高度黏合力。

粘结剂（P6）为白色胶状物，用来加强胶粘剂的黏合力，增强防水用途。

填补剂（G）为彩色粉末，用来填 4～15mm 的砖缝，有优良的抗水性、抗渗性及抗压性。

2）基层处理：清理干净墙面，空心砖墙与混凝土墙交接处在抹灰前铺宽 300mm 点焊网，凿出混凝土墙上穿螺杆的 PVC 管，用膨胀砂浆填补，在混凝土表面喷水泥素浆（加 3%的 107 胶）。

3）砂浆找平：在房屋阴阳角位置用经纬仪从顶部到底部测定垂直线，沿垂直线做标志。

抹灰厚度宜控制在 12mm 以内，局部超厚部分加铺点焊网，分层抹灰。为防止空鼓，在抹灰前满刷一遍 YJ-302 混凝土界面剂，1∶2.5 水泥砂浆找平层完成后洒水养护 3 d。

4）镶贴仿石砖。

① 选砖：按砖的颜色、大小、厚薄分选归类。

② 预排：在装好室外铝窗的砂浆基层上弹出仿石砖的横竖缝，并注意窗间墙、阳角处不得有非整砖。

③ 镶贴：砂浆养护期满达到基本干燥，即开始贴仿石砖，仿石砖应保持干燥但应清刷干净，镶贴胶浆配比为 H40∶P6∶水=8∶1∶1。镶贴时用铁抹子将胶浆均匀地抹在仿石砖背面（厚 5mm 左右），然后贴于墙面上。仿石砖镶贴必须保持砖面平整，混合后的胶浆须在 2 h 内用完，粘结剂用量为 4～5kg/m²。

④ 填缝：仿石砖贴墙后 6 h 即可进行，填缝前砖边保持清洁，填补剂与水的比例为 G∶水=5∶1。填缝约 1 h 后用清水擦洗仿石砖表面，填补剂用量为 0.7kg/m²。

12. 施工机具设备

主要施工机具如表 5-11 所示。

表 5-11 主要施工机具

序号	机具名称	规格型号	单位	数量	计划进场时间	备注
1	塔式起重机	QTZ40D	台	1	2011 年 2 日	
2	双笼上人电梯	SCD 100/100	台	1	2011 年 4 日	
3	井架（配 3t 卷扬机）	角钢 2m×2m	套	2	2011 年 4 日	
4	QY25 型水泵	扬程 25m	台	10	2011 年 1 日	
5	水泵	扬程 120m	台	1	2011 年 4 日	
6	对焊机	B11-01	台	1	2011 年 1 日	
7	电渣压力焊机	MHS-36A	台	3	2011 年 1 日	
8	电弧焊机	交直流	台	3	2011 年 1 日	
9	钢筋弯曲机	WJ-40	台	4	2011 年 1 日	
10	钢筋切断机	QJ-40	台	2	2011 年 1 日	
11	强制式搅拌机	JS-500	台	1	2011 年 2 日	
12	砂石配料机	PL800	套	1	2011 年 2 日	
13	砂浆搅拌机	150 L	台	2	2011 年 2 日	
14	平板式振动器	2.2 kW	台	2	2011 年 2 日	
15	插入式振动器	1.1kW	台	8	2011 年 1 日	
16	木工刨床	HB 300-15	台	2	2011 年 1 日	
17	圆盘锯	—	台	3	2011 年 1 日	

5.6.5 主要管理措施

1. 质量保证措施

1）建立质量保证体系。

2）加强技术管理，认真贯彻国家规范及公司的各项质量管理制度，建立健全岗位责任制，熟悉施工图纸，做好技术交底工作。

3）重点解决大体积及高强混凝土施工、钢筋连接等质量难题。装饰工程应积极推行样板间，经业主认可后再进行大面积施工。

4）模板安装必须有足够的强度、刚度和稳定性，拼缝严密。

5）钢筋焊接质量应符合规范规定，钢筋接头位置、数量应符合图纸及规范要求。

6）混凝土浇筑应严格按配合比计量控制，若遇雨天应及时调整配合比。

7）加强原材料进场的质量检查和施工过程中的性能检测，不合格的材料不准使用。

8）认真搞好现场内业资料的管理工作，做到工程技术资料真实、完整、及时。

2．安全及消防技术措施

1）成立以项目经理为核心的安全生产领导小组，设两名专职安全员统抓各项安全管理工作，班组设兼职安全员，对安全生产进行目标管理，层层落实责任到人，使全体施工人员认识到"安全第一"的重要性。

2）加强现场施工人员的安全意识，对参加施工的全体职工进行上岗安全教育，增加自我保护能力，使每个职工自觉遵守安全操作规程，严格遵守各项安全生产管理制度。

3）坚持安全"三宝"，进入现场人员必须戴安全帽，高空作业必须系安全带，建筑物四周应有防护栏和安全网，在现场不得穿硬底鞋、高跟鞋、拖鞋。

4）工地上的沟坑应有防护，跨越沟槽的通道应设渡桥，20～150cm 的洞口上盖固定盖板，超过150cm 的大洞口四周设防护栏杆。电梯井口安装临时工具式栏栅门，高度为120cm。

5）现场施工用电应按《施工现场临时用电安全技术规范（附条文说明）》（JGJ 46—2005）执行，工地设配电房，大型设备用电处分设配电箱，所有电源闸箱应有门、有锁、有防雨盖板、有危险标志。

6）现场施工机具，如电焊机、弯曲机、手电钻、振捣棒等应安装灵敏有效的漏电保护装置。塔式起重机必须安装超高、变幅限位器，吊钩和卷扬机应安装保险装置，有可靠的避雷装置。操作机械设备人员必须考核合格，持证上岗。

7）脚手架的搭设必须符合规定要求，所有扣件应拧紧，架子与建筑物应拉结，脚手板要铺严、绑牢，模板和脚手架上不能过分集中堆放物品，不得超载，拆模板、脚手架时，应有专人监护，并设警戒标志。

8）夜间施工应装设足够的照明装置，深坑或潮湿地点施工装置，应使用低压照明装置，现场禁止使用明火，易燃易爆物要妥善保管。

3．文明施工管理

1）遵守城市环卫、市容、场容管理的有关规定，加强现场用水、排污的管理，保证排水畅通，无积水，场地整洁，无垃圾，搞好现场清洁卫生。

2）在工地现场主要入口处，要设置现场施工标志牌，标明工程概况、工程负责人、建筑面积、开竣工日期、施工进度计划、总平面布置图、场容分片包干和负责人管理图及有关安全标志等，标志要鲜明、醒目、周全。

3）对施工人员进行文明施工教育，做到每月检查评分，总结评比。

4）物件、机具、大宗材料要按指定的位置堆放，临时设施要求搭设整齐，脚手架、小型工具、模板、钢筋等应分类码放整齐，搅拌机要当日用完当日清洗。

5）坚决杜绝浪费现象，禁止随地乱丢材料和工具，现场要做到不见零散的砂石、红砖、水泥等，不见剩余的灰浆、废铅丝、钢丝等。

6）加强劳动保护，合理安排作息时间，配备施工补充预备力量，保证职工有充分的休息时间。尽可能控制施工现场的噪声，减少对周围环境的干扰。

4．降低成本措施

1）加强材料管理，各种材料按计划发放，对工地所使用的材料按实收数，签证单据。

2）材料供应部门应按工程进度，安排好各种材料的进场时间，减少二次搬运和翻仓工作。

3）钢筋集中下料，合理利用钢筋，标准层墙柱钢筋采用两层一竖，柱钢筋及墙暗柱钢筋采用电渣压力焊连接，以利于节约钢材。

4）混凝土内掺高效减水剂，以利于减少水化热。

5）混凝土搅拌机采用自动上料（计算机计量），并使用塔式起重机运送混凝土，节约人工，保证质量。

6）加强成本核算，做好施工预算及施工图预算并力求准确，对每个变更设计及时签证。

5．工期保证措施

1）进行项目法管理，组织精干的、管理方法科学的承包班子，明确项目经理的责、权、利，充分调动项目施工人员的生产积极性，合理组合交叉施工，以确保工期按时完成。

2）配备先进的机械设备，降低工人的劳动强度，不仅可加快工程的进度，而且可提高工程质量。

3）采用"四新"技术，以先进的施工技术提高工程质量，加快施工速度，本工程主要采用以下一些"四新"技术：

① 竖向钢筋连接采用电渣压力焊。

② C50 高强混凝土施工技术。

③ 多功能提升外脚手架体系。

④ 高效减水剂技术的应用。

⑤ YJ-302 混凝土界面剂在抹灰工程中的应用。

⑥ 轻质墙（泰柏板）的应用。

⑦ 刚性防水涂料的应用。

⑧ 粘结剂的应用。

5.6.6 雨季施工措施

雨季施工措施如下：

1）工程施工前，在基坑边设集水井和排水沟，及时排除雨水和地下水，把地下水的水位降至施工作业面以下。

2）做好施工现场排水工作，将地面水及时排出场外，确保主要运输道路畅通，必要时路面要加铺防滑材料。

3）现场的机电设备应做好防雨、防漏电措施。

4）混凝土连续浇筑，若遇雨天，用篷布将已浇筑但尚未初凝的混凝土和继续浇筑的混凝土部位加以覆盖，以保证混凝土的质量。

5.6.7 施工进度计划

本工程±0.00 以下施工合同工期为 3 个月，地上为 11 个月，比合同工期提前 1 个月，施工总进度计划如图 5-14 所示。标准层混凝土结构工程施工网络计划如图 5-15 所示。

序号	主要工程项目	第1年度												第2年度	
		1	2	3	4	5	6	7	8	9	10	11	12	1	2
1	降水、挖土及截桩														
2	地下室主体工程														
3	地上主体工程														
4	砌墙														
5	顶棚、墙面抹灰														
6	楼地面														
7	外饰面														
8	油漆施工														
9	门窗安装														
10	屋面工程														
11	设备安装														
12	室外工程														

图 5-14　施工总进度计划表

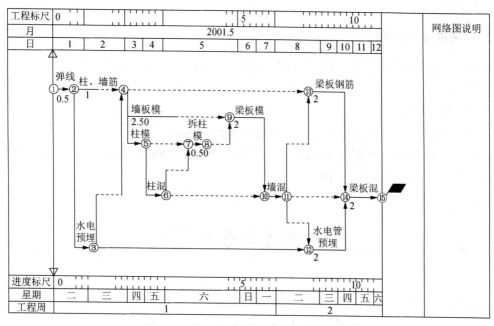

图 5-15　标准层混凝土结构施工网络计划

5.6.8　施工平面布置图

现场设搅拌站，各种加工场及材料堆场布置如图 5-16 所示。

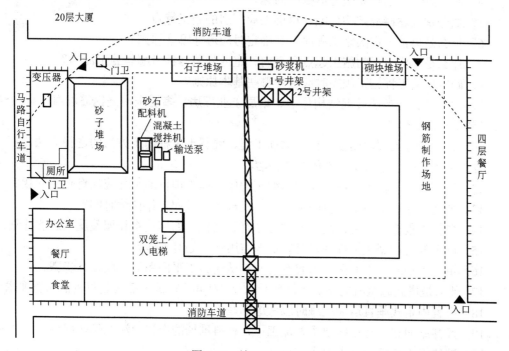

图 5-16　施工平面布置图

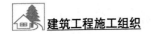

5.6.9 主要技术经济指标

1）工期：本工程合同工期 15 个月，计划 14 个月，提前 1 个月完成。

2）用工：总用工数 10.78 万工日。

3）质量要求：合格。

4）安全：无重大伤亡事故，轻伤事故频率在 1.5‰以下。

5）主节约指标：水泥共 2800t，节约 150t；钢材共 700t，拟节约 20t；木材 500m³，拟节约 17m³；成本降低率为 4%。

思考与练习

一、思考题

1．试述编制单位工程施工组织设计的依据和内容。

2．单位工程施工组织设计的关键内容是哪几项？

3．编制单位工程施工组织设计应具备哪些条件？

4．施工方案的选择着重考虑哪些问题？

5．试分别叙述砖混结构住宅、单层工业厂房的施工特点。

6．什么是单位工程的施工程序？其确定时应遵守哪些原则？

7．什么是单位工程的施工起点和流向？室内外装修各有哪些施工流向？

8．确定单位工程施工顺序时应遵守哪些基本原则？

9．试分别叙述多层砖混结构住宅、单层工业厂房、多层全现浇钢筋混凝土框架结构房屋的施工顺序。

10．试述土方工程、模板工程、钢筋工程、混凝土工程施工方法的选择方法。

11．试述各种技术组织措施的主要内容。

12．试述单位工程施工进度计划的编制程序。施工项目的划分应注意哪些问题？

13．如何确定一个施工项目的劳动量、机械台班量和工作持续时间？

14．单位工程施工进度计划的编制方法有哪几种？如何检查和调整施工进度计划？

15．施工准备计划包括哪些内容？资源需用量计划有哪些？

16．单位工程施工平面图的内容有哪些？试述施工平面图的一般设计步骤。

17．什么是塔式起重机的服务范围？什么是"死角"？试述塔式起重机的布置要求。

18．布置固定式垂直运输机械时应考虑哪些因素？

19．搅拌站的布置有哪些要求？加工厂、材料堆场的布置应注意哪些问题？

20．试述施工道路的布置要求。

21. 现场临时设施有哪些内容？临时供水、供电有哪些布置要求？

22. 试述单位工程施工平面图的绘制步骤和要求。

二、练习题

1. 单项选择题。

（1）下列单位工程施工组织设计编制程序正确的是（　　）。

    A. 施工方案—施工进度计划—资源需用量计划—施工平面图

    B. 施工方案—施工进度计划—施工平面图—资源需用量计划

    C. 施工进度计划—施工方案—资源需用量计划—施工平面图

    D. 施工进度计划—施工方案—资源需用量计划—施工平面图

（2）在单位工程施工组织设计中决定整个工程全局关键的是（　　）。

    A. 制订施工进度计划　　　　　　　　B. 施工方法和施工机械的选择

    C. 选择施工方案　　　　　　　　　　D. 制定主要技术措施

（3）选择施工方案首先应考虑（　　）。

    A. 确定合理的施工顺序　　　　　　　B. 施工方法和施工机械的选择

    C. 流水施工的组织　　　　　　　　　D. 制定主要技术组织措施

（4）工程开工后各部分分项工程施工的先后次序称为（　　）。

    A. 施工程序　　　　B. 施工顺序　　　　C. 施工次序　　　　D. 施工阶段次序

（5）进行单位工程施工平面设计时，首先应（　　）。

    A. 布置水电线路　　　　　　　　　　B. 引入场外交通道路

    C. 布置临时设施　　　　　　　　　　D. 确定起重机械位置

（6）在进行单位工程施工进度计划编制时，首先应（　　）。

    A. 计算工程量　　　　　　　　　　　B. 确定施工顺序

    C. 划分施工过程　　　　　　　　　　D. 组织流水作业

2. 判断题。

（1）确定各分部（分项）工程的施工顺序是制定施工方案的关键。　　　　　（　　）

（2）施工方法和施工机械的选择必须满足施工技术的要求。　　　　　　　　（　　）

（3）单位工程施工进度计划初始方案编制后，应先检查工期是否满足要求，然后进行调整。　　　　　　　　　　　　　　　　　　　　　　　　　　　　　　　　（　　）

（4）选择好施工方案后便可编制资源需用量计划。　　　　　　　　　　　　（　　）

（5）单位工程施工平面图设计应首先确定起重机械的位置。　　　　　　　　（　　）

第6章
施工组织总设计

本章主要介绍建筑项目施工组织总设计的作用、编制依据、主要内容及编制程序。本章重点为施工组织总设计的内容，即施工总部署、施工总进度计划、施工总平面布置图及主要技术经济指标。

6.1 施工组织总设计概述

施工组织总设计是以整个建设项目或群体工程为对象，根据初步设计图纸和有关资料及现场施工条件编制，用以指导全工地各项施工准备和组织施工技术经济的综合性文件。它一般由建设总承包公司或大型工程项目经理部（或工程建设指挥部）的总工程师主持编制。

6.1.1 施工组织总设计的作用和编制依据

1. 作用

1）从全局出发，为整个项目的施工做出全面的战略部署。

2）为施工企业编制施工计划和单位工程施工组织设计提供依据。

3）为建设单位或业主编制工程建设计划提供依据。

4）为组织施工力量、技术和物资资源的供应提供依据。

5）为确定设计方案的施工可能性和经济合理性提供依据。

2. 编制依据

编制施工组织总设计一般以下列资料为依据：

（1）计划文件及有关合同

计划文件及有关合同包括国家批准的基本建设计划文件、概（预）算指标和投资计划、工程项目一览表、分期分批投产交付使用的项目期限、工程所需材料和设备的订货计划、建设地区所在地区主管部门的批件、施工单位主管上级（主管部门）下达的施工任务计划、招投标文件及工程承包合同或协议、引进设备和材料的供货合同等。

（2）设计文件

设计文件包括已批准的初步设计或扩大初步设计（设计说明书、建设地区区域平面图、建筑总平面图、总概算或修正概算及建筑竖向设计图）。

（3）工程勘察和调查资料

工程勘察和调查资料包括建设地区地形、地貌、工程地质、水文、气象等自然条件，能源、交通运输、建筑材料、预制件、商品混凝土及构件、设备等技术经济条件，当地政治、经济、文化、卫生等社会生活条件资料。

（4）现行规范、规程、有关技术标准和类似工程的参考资料

现行规范、规程、有关技术标准和类似工程的参考资料包括现行的施工及验收规范、操作规程、定额、技术规定和其他技术标准，以及类似工程的施工组织总设计或参考资料。

6.1.2 施工组织总设计的内容和编制程序

1. 内容

施工组织总设计的内容视工程性质、规模、建筑结构的特点、施工的复杂程度、工期要求及施工条件的不同而有所不同，通常包括下列内容：工程概况、施工部署和施工方案、施工总进度计划、全场性施工准备工作计划及各项资源需用量计划、施工总平面图和主要技术经济指标等部分。

2. 编制程序

施工组织总设计的编制程序如图6-1所示。

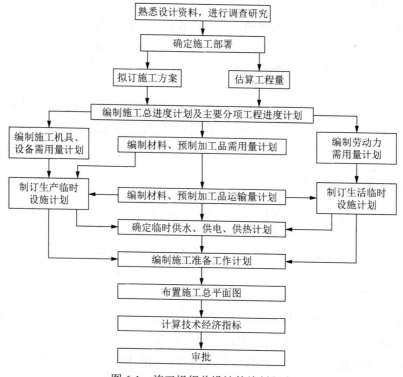

图6-1 施工组织总设计的编制程序

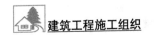

6.2 施 工 部 署

6.2.1 工程概况

工程概况是对整个建设项目的总说明和总分析，是对拟建建设项目或建筑群所做的一个简单扼要、突出重点的文字介绍，一般包括下列内容。

1. 建设项目的特点

建设项目的特点是对拟建工程项目的主要特征的描述。其主要内容如下：建设地点、工程性质、建设总规模、总工期、分期分批投入使用的项目和期限，占地总面积、总建筑面积、总投资额，建安工作量、厂区和生活区的工作量，生产流程及工艺特点，建筑结构类型等新技术、新材料的应用情况，建筑总平面图和各项单位工程设计交图日期及已定的设计方案等。

2. 建设场地和施工条件

（1）建设场地

建设场地应主要介绍建设地区的自然条件和技术经济条件，如气象、地形、地质和水文情况；建设地区的施工能力、劳动力、生活设施和机械设备情况；交通运输及当地能提供给工程施工用的水、电和其他条件。

（2）施工条件

施工条件主要应反映施工企业的生产能力及技术装备、管理水平和主要设备，特殊物资的供应情况及有关建设项目的决议、合同和协议，土地征用、居民搬迁和场地清理情况等。

6.2.2 施工部署和施工方案

施工部署是对整个建设项目进行的统筹规划和全面安排，并解决影响全局的重大问题，拟定指导全局组织施工的战略规划。施工方案是对单个建筑物做出的战略安排。施工部署和施工方案分别为施工组织总设计和单个建筑物施工组织设计的核心。

1. 工程开展程序

确定建设项目中各项工程合理的开展程序是关系到整个建设项目能否迅速投产或使用的重大问题。对于大中型工程项目，一般均需根据建设项目总目标的要求，分期分批建设。至于分期施工，各期工程包含哪些项目，则要根据生产工艺要求，建设单位或业主要求，工程规模大小和施工难易程度、资金、技术资料等情况，由建设单位或业主和施工单位共同研究确定。例如，一个大型冶金联合企业，按其工艺过程大致有如下工程项目：矿山开采工程、选矿厂、原料运输及存放工程、烧结厂、焦结厂、炼钢厂、轧钢厂及许多辅助性车间等。如果一次建成投产，建设周期长达 10 年，显然投资回收期太长而不能及早发挥投资效益。所以，对于这样的大型建设项目，可分期建设，早日见效。对于上述大型冶金企业，一般应以高炉系统生产能力为标志进行分期建成投产。例如，我国某大型钢铁联合企业，由于技术、资金、原料供应等原因，决定分两期建设，第一期建成 1 号高炉系统及其配套的各厂的车间，形成年产 330 万 t 钢的综合生产能力。而第二期建成 2 号高炉系统及连铸厂和冷、热连轧厂，最终形成年产 660 万 t 钢的综合生产能力。

对于大中型民用建筑群（如住宅小区），一般也应分期分批建成，除建设小区的住宅楼房外，还应建设幼儿园、学校、商店和其他公共设施，以便交付后能及早发挥经济效益和社会效益。

对小型企业或大型企业的某一系统，由于工期较短或生产工艺要求，可不必分期分批建设；亦可先建生产厂房，然后边生产边施工。

分期分批的建设，对于实现均衡施工、减少暂设工程量和降低工程投资具有重要意义。

2．主要项目的施工方案

主要项目的施工方案是对建设项目或建筑群中的施工工艺流程及施工段划分提出原则性的意见。它的内容包括施工方法、施工顺序、机械设备选型和施工技术组织措施等。这些内容在单位工程施工组织设计中已做了详细的论述，而在施工组织总设计中所指的拟订主要建筑物施工方案与单位工程施工组织设计中要求的内容和深度是不同的，它只需原则性地提出施工方案，如采用何种施工方法；哪些构件采用现浇；哪些构件采用预制；是现场就地预制，还是在构件预制厂加工生产；构件吊装时采用什么机械；准备采用什么新工艺、新技术等，即对涉及全局性的一些问题拟订施工方案。

对施工方法的确定要兼顾工艺技术的先进性和经济上的合理性；对施工机械的选择，应使主导机械的性能既能满足工程的需要，又能发挥其效能，在各个工程上能够实现综合流水作业，减少其拆、装、运的次数；对于辅助配套机械，其性能应与主导施工机械相适应，以充分发挥主导施工机械的工作效率。

3．主要工种工程的施工方法

主要工种工程是指工程量大、占用工期长、对工程质量、进度起关键作用的工程，如土石方、基础、砌体、架子、模板、混凝土、结构安装、防水、装修工程，以及管道安装、设备安装、垂直运输等工程。在确定主要工种工程的施工方法时，应结合建设项

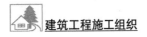

目的特点和当地施工习惯，尽可能采用先进合理、切实可行的专业化、机械化施工方法。

（1）专业化施工

按照工厂预制和现场浇筑相结合的方针，提高建筑专业化程度，妥善安排钢筋混凝土构件生产、木制品加工、混凝土搅拌、金属构件加工、机械修理和砂石等的生产。要充分利用建设地区的预制件加工厂和搅拌站来生产大批量的预制件及商品混凝土。当建设地区的生产能力不能满足要求时，可考虑设置现场临时性的预制、搅拌场地。

（2）机械化施工

机械化施工是实现现代化施工的前提，要努力扩大机械化施工的范围，增添新型高效机械，提高机械化施工的水平和生产效率。在确定机械化施工总方案时应注意：

1）所选主导施工机械的类型和数量既能满足工程施工的需要，又能充分发挥其效能，并能在各工程上实现综合流水作业。

2）各种辅助机械或运输工具应与主导机械的生产能力协调配套，以充分发挥主导机械效率。

3）在同一工地上，应力求使建筑机械的种类和型号尽可能少一些，以利于机械管理。尽量使用一机多能的机械，提高机械使用率。

4）机械选择应考虑充分发挥施工单位现有机械的能力，当本单位的机械能力不能满足工程需要时，应购置或租赁所需机械。

总之，所选机械化施工总方案应是技术上先进和经济上合理的。

4．"三通一平"的规划

全场性的"三通一平"工作是施工准备的重要内容，应有计划、有步骤、分阶段地进行，在施工组织总设计中做出规划，预先确定其分期完成的规模和期限。

6.3　施工总进度计划

施工总进度计划是根据施工部署和施工方案，对全工地的所有工程项目做出时间上的安排。其作用在于确定各个建筑物及其主要工种、工程、准备工作和全工地性工程的施工期限及其开工和竣工的日期，从而确定施工现场的劳动力、材料、施工机械需用量和调配情况，以及现场临时设施的数量、水电供应数量和能源、交通的需要数量等。因此，正确地编制施工总进度计划是保证各项目及整个建设工程按期交付使用、充分发挥投资效益、降低建筑工程成本的重要条件。

6.3.1 施工总进度计划的编制原则和内容

1. 编制原则

1）合理安排施工顺序，保证在劳动力、物资及资金消耗量最少的情况下，按规定工期完成拟建工程施工任务。

2）采用合理的施工方法，使建设项目的施工连续、均衡地进行。

3）节约施工费用。

2. 内容

施工总进度计划的内容一般包括估算主要项目的工程量，确定各单位工程的施工期限，确定各单位工程开工、竣工时间和相互搭接关系，以及施工总进度计划表的编制。

6.3.2 施工总进度计划的编制步骤和方法

1. 列出工程项目一览表并计算工程量

首先根据建设项目的特点划分项目，由于施工总进度计划主要起控制性作用，因此项目划分不宜过细，可按确定的主要工程项目的开展顺序排列，一些附属项目、辅助工程及临时设施可以合并列出。

在工程项目一览表的基础上，估算各主要项目的实物工程量。估算工程量可按初步设计（或扩大初步设计）图纸，并根据各种定额手册进行。常用的定额资料有以下几种：

1）万元、十万元投资工程量，劳动力及材料消耗扩大指标。这种定额规定了某种结构类型建筑，每万元或十万元投资中劳动力、主要材料等消耗数量。根据设计图纸中的结构类型，即可估算出拟建工程各分项需要的劳动力和主要材料消耗数量。

2）概算指标或扩大结构定额。这两种定额都是预算定额的扩大，根据建筑物的结构类型、跨度、层数、高度等即可查出单位建筑体积和单位建筑面积的劳动力和主要材料消耗指标。

3）标准设计或已建的类似建筑物、构筑物的资料。在缺少上述定额手册的情况下，可采用标准设计或已建成的类似工程实际所消耗的劳动力和材料加以类推，按比例估算。但是，由于和拟建工程完全相同的已建工程是极为少见的，因此在采用已建工程资料时，一般要进行换算调整。这种消耗指标都是各单位多年积累的经验数字，实际工作中常用这种方法计算。

除了房屋外，还必须计算全工地性工程的工程量，如场地平整的土石方工程量、道路及各种管线长度等，这些可根据建筑总平面图来计算。

计算的工程量应填入工程项目工程量汇总表中，如表 6-1 所示。

表 6-1　工程项目工程量汇总表

工程项目分类	工程项目名称	结构类型	建筑面积/100m²	幢(跨)数	概算投资/万元	主要实物工程量							
						场地平整/1000m²	土方工程/1000m³	桩基工程/100m³	...	砖石工程/100m³	钢筋混凝土工程/100m³	...	装饰工程/1000m²	...
全场性工程													
主体项目													
辅助项目													
永久住宅													
临时建筑													
合计													

2. 确定各单位工程的施工期限

单位工程的施工期限应根据施工单位的具体条件（如技术力量、管理水平、机械化施工程度等）及施工项目的建筑结构类型、工程规模、施工条件及施工现场环境等因素加以确定。此外，还应参考有关的工期定额来确定各单位工程的施工期限，但总工期应控制在合同工期以内。

3. 确定各单位工程开工、竣工时间和相互搭接关系

根据施工部署及单位工程施工期限，就可以安排各单位工程的开工、竣工时间和相互搭接关系。安排时通常应考虑下列因素：

1）保证重点，兼顾一般。在安排进度时，要分清主次，抓住重点，同一时期施工的项目不宜过多，以免人力、物力分散。

2）满足连续、均衡施工要求，尽量使劳动力和材料、机械设备消耗在全工地内均衡。

3）合理安排各期建筑物施工顺序，缩短建设周期，尽早发挥效益。

4）考虑季节影响，合理安排施工项目。

5）使施工场地布置合理。

6）对于工程规模较大、施工难度较大、施工工期较长及需先配套使用的单位工程应尽量安排先施工。

7）全面考虑各种条件的限制。在确定各建筑物施工顺序时，还应考虑各种客观条件的限制，如施工企业的施工力量，原材料、机械设备的供应情况，设计单位出图的时间，投资数量等对工程施工的影响。

4. 施工总进度计划的编制

施工总进度计划可用横道图或网络图表达。由于施工总进度计划只是起控制性作用，而且施工条件多变，因此不必考虑得很细致。当用横道图表达总进度计划时，项目的排列可按施工总体方案所确定的工程开展程序排列。横道图上应表达出各施工项目的开工、竣工时间及其施工持续时间。施工总进度计划横道图如图 6-2 所示。

序号	工程名称	建筑面积	结构形式	工作量	施工进度计划													
					×××年						×××年							
					第 3 季度			第 4 季度			第 1 季度			第 2 季度			第 3 季度		
					7	8	9	10	11	12	1	2	3	4	5	6	7	8	9
1	铸造车间																	
2	金工车间																	
⋮	⋮																	
⋮	⋮																	
n	单身宿舍																	

图 6-2　施工总进度计划横道图

近年来，随着网络计划技术的推广，采用网络图表达施工总进度计划，已经在实践中得到广泛应用。采用有时间坐标的网络图（时标网络图）表达总进度计划比横道图更加直观明了，可以表达出各项目之间的逻辑关系，还可以进行优化，实现最优进度目标、资源均衡目标和成本目标。同时，由于网络图可以采用计算机计算和输出，对其进行调整、优化、统计资源数量、输出图表更为方便、迅速。

6.4　施工准备及各项资源需用量计划

施工总进度计划编制以后，就可以编制各项资源需用量计划和施工准备工作计划。

6.4.1　施工准备工作计划

各类计划能否按期实现，很大程度上取决于相应的准备工作能否及时开始和按时完成。因此，必须将各项准备工作逐一落实，具体内容可参考第 4 章中的内容来编制施工准备工作计划，并以表格的形式布置，以便在实施中认真检查和督促。

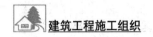

6.4.2　各项资源需用量计划

各项资源需用量计划是做好劳动力及物资的供应、平衡、调度、落实的依据，其内容一般包括以下几个方面：

1. 劳动力需用量计划

首先根据工程量汇总表中列出的各主要实物工程量查套预算定额或有关经验资料，即可求得各个建筑物主要工种的劳动量，再根据总进度计划横道图中各单位工程分工种的持续时间即可求得某单位工程在某段时间里的平均劳动力数。按同样的方法可计算出各个建筑物各主要工种在各个时期的平均工人数。将总进度计划表横道图纵坐标方向上各单位工程同工种的人数叠加在一起并连成一条曲线，即成为某工种的劳动力动态图。根据劳动力动态图可列出主要工种劳动力需用量计划表，如表 6-2 所示。劳动力需用量计划是确定临时工程和组织劳动力进场的依据。

表 6-2　劳动力需用量计划表

序号	工种名称	施工高峰需用人数	×××年				×××年				现有人数	多余（+）或不足（-）
			第1季度	第2季度	第3季度	第4季度	第1季度	第2季度	第3季度	第4季度		

2. 材料、构件及半成品需用量计划

根据各工种工程量汇总表所列不同结构类型的工程项目和工程量总表，查定额或参照已建类似工程资料，便可计算出各种建筑材料、构件和半成品需用量，以及有关大型临时设施施工和拟采用的各种技术措施用料量，然后编制主要材料、构件及半成品需用量计划，常用表格如表 6-3 和表 6-4 所示。根据主要材料、构件和半成品加工需用量计划，参照施工总进度计划和主要分部（分项）工程流水施工进度计划，便可编制主要材料、构件和半成品运输计划。

表 6-3　主要材料需用量计划表

材料名称　　　工程名称	主要材料								
	型钢	钢板	钢筋	木材	水泥	砖	砂	…	…
	t	t	t	m³	t	千块	m³	…	…

表 6-4　主要材料、构件、半成品需用量进度计划表

序号	材料、构件、半成品名称	规格	单位	需用量				需用量进度							
				合计	正式工程	大型临时工程	施工措施	××××年				××××年			
								第1季度	第2季度	第3季度	第4季度	第1季度	第2季度	第3季度	

3．施工机具需用量计划

主要施工机械，如挖土机、起重机等的需用量计划，应根据施工部署和施工方案、施工总进度计划、主要工种工程量及机械化施工参考资料进行编制。施工机具需用量计划除组织机械供应外，还可作为施工用电容量计算和确定停放场地面积的依据。主要施工机具、设备需用量计划表如表 6-5 所示。

表 6-5　主要施工机具、设备需用量计划表

序号	机具设备名称	规格型号	电动机功率	数量				购置价值/万元	使用时间	备注
				单位	需用	现有	不足			

6.5　施工总平面图设计

施工总平面图是拟建项目施工场地的总布置图。它是按照施工部署、施工方案和施工总进度计划的要求，将施工现场的交通道路、材料仓库、附属生产或加工企业、临时建筑和临时水、电、管线等合理规划和布置，并以图纸的形式表达出来，从而正确处理全工地施工期间所需各项设施与永久建筑、拟建工程之间的空间关系，指导现场进行有组织、有计划的文明施工。

6.5.1　施工总平面图的设计原则和内容

1．设计原则

施工总平面图的设计必须坚持以下原则：

1）在保证施工顺利进行的前提下，应紧凑布置。可根据建设工程分期、分批施工

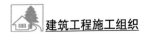 建筑工程施工组织

的情况，考虑分阶段征用土地，尽量将占地范围减少到最低限度，不占或少占农田，不挤占道路。

2）合理布置各种仓库、机械、加工厂位置，减少场内运输距离，尽可能避免二次搬运，减少运输费用，并保证运输方便、通畅。

3）施工区域的划分和场地确定，应符合施工流程要求，尽量减少专业工种和各工程之间的干扰。

4）充分利用已有的建筑物、构筑物和各种管线，凡拟建永久性工程能提前完工并为施工服务的，应尽量提前完工，并在施工中代替临时设施。临时建筑尽量采用拆移式结构。

5）各种临时设施的布置应有利于生产和方便生活。

6）应满足劳动保护、安全和防火要求。

7）应注意环境保护。

2. 设计依据

1）各种勘测设计资料和建设地区自然条件及技术经济条件。

2）建设项目的概况、施工部署和主要工程的施工方案、施工总进度计划。

3）各种建筑材料、构件、半成品、施工机械和运输工具需用量一览表。

4）各构件加工厂、仓库等临时建筑一览表。

5）其他施工组织设计参考资料。

3. 内容

1）整个建设项目的建筑总平面图包括地上建筑物、构筑物、地下建筑物、构筑物，道路，管线及其他设施的位置和尺寸。

2）一切为全工地施工服务的临时设施的布置，包括施工用地范围，施工用各种道路、加工厂、制备站及有关机械的位置，各种建筑材料、半成品、构件的仓库和主要堆场，取土及弃土位置，行政管理用房、宿舍、文化生活和福利建筑等，水源、电源、临时给水排水管线和供电、动力线路及设施，机械站、车库位置，一切安全防火设施，特殊图例、方向标志和比例尺等。

3）永久性测量及半永久性测量放线桩标桩位置。

6.5.2 施工总平面图的设计方法

施工总平面图的设计步骤为，引入场外交通道路→布置仓库→布置加工厂和混凝土搅拌站→布置场内运输道路→布置临时房屋→布置临时水、电管网和其他动力设施→绘制正式施工总平面图。

1. 场外交通的引入

设计全工地性施工总平面图时，首先应从考虑大宗材料、成品、半成品、设备等进入工地的运输方式入手。当大批材料由铁路运来时，要解决铁路的引入问题；当大批材料由水路运来时，应考虑原有码头的运用和是否增设专用码头问题；当大批材料由公路运入工地时，由于汽车线路可以灵活布置，因此一般先布置场内仓库和加工厂，然后布置场外交通的引入。

当场外运输主要采用铁路运输方式时，要考虑铁路的转弯半径和坡度的限制，确定起点和进场位置。对于拟建永久性铁路的大型工业企业工地，一般可提前修建永久性铁路专用线。铁路专用线宜由工地的一侧或两侧引入，以更好地为施工服务。如将铁路铺入工地中部，将严重影响工地的内部运输，对施工不利。只有在大型工地划分成若干个施工区域时，才宜考虑将铁路引入工地中部的方案。

当场外运输主要采用水路运输方式时，应充分运用原有码头的吞吐能力。如需增设码头，卸货码头应不少于两个，码头宽度应大于 2.5m。如工地靠近水路，可将场内主要仓库和加工厂布置在码头附近。

当场外运输主要采用公路运输方式时，由于公路布置较灵活，一般先将仓库、加工厂等生产性临时设施布置在最经济合理的地方，再布置通向场外的公路。

2. 仓库的布置

通常考虑设置在运输方便、位置适中、距离较短并且安全防火的地方，并应根据不同材料、设备和运输方式来设置。

当采用铁路运输时，仓库通常沿铁路线布置，并且要留有足够的装卸前线。如果没有足够的装卸前线，必须在附近设置转运仓库。布置铁路沿线仓库时，应将仓库设置在靠近工地一侧，以免内部运输跨越铁路。同时仓库不宜设置在弯道处或坡道上。

当采用水路运输时，一般应在码头附近设置转运仓库，以缩短船只在码头上的停留时间。

当采用公路运输时，仓库的布置较灵活。一般中心仓库布置在工地中央或靠近使用的地方，也可以布置在靠近外部交通连接处。砂、石、水泥、石灰、木材等仓库或堆场宜布置在搅拌站、预制场和木材加工厂附近；砖、瓦和预制构件等直接使用的材料应该直接布置在施工对象附近，以免二次搬运。工业项目建筑工地还应考虑主要设备的仓库（或堆场），一般笨重设备应尽量放在车间附近，其他设备仓库可布置在外围或其他空地上。

3. 加工厂和混凝土搅拌站的布置

各种加工厂的布置，应以方便使用、安全防火、运输费用最少、不影响建筑安装工程施工的正常进行为原则。一般应将加工厂集中布置在同一个地区，且多处于工地边缘。

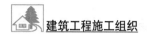

各种加工厂应与相应的仓库或材料堆场布置在同一地区。

工地混凝土搅拌站的布置有集中布置、分散布置、集中与分散布置相结合3种方式。当运输条件较好时，采用集中布置较好，或现场不设搅拌站而使用商品混凝土；当运输条件较差时，以分散布置在使用地点或井架等附近为宜。一般当砂、石等材料由铁路或水路运入，而且现场又有足够的混凝土输送设备时，宜采用集中布置。若利用城市的商品混凝土搅拌站，只要考虑其供应能力和输送设备能否满足，及时做好订货联系即可，工地可不考虑布置搅拌站。除此之外，还可采用集中和分散相结合的方式。

砂浆搅拌站多采用分散方式就近布置。

预制件加工厂尽量利用建设地区永久性加工厂。只有其生产能力不能满足工程需要时，才考虑现场设置临时预制件厂，其位置最好布置在建设场地中的空闲地带上。

钢筋加工厂可集中或分散布置，视工地具体情况而定。对于需冷加工、对焊、点焊钢筋骨架和大片钢筋网时，宜采用集中布置加工；对于小型加工、小批量生产和利用简单机具就能成型的钢筋加工，采用就近的钢筋加工棚进行。

木材加工厂设置与否，是集中还是分散设置，设置规模应视建设地区内有无可供利用的木材加工厂而定。如建设地区无可利用的木材加工厂，而锯材、标准门窗、标准模板等加工量又很大，则集中布置木材联合加工厂为好。对于非标准件的加工与模板修理工作等，可分散在工地附近设置临时工棚进行加工。

金属结构、锻工、电焊和机修厂等应布置在一起。

4. 场内运输道路的布置

工地内部运输道路的布置，应根据各加工厂、仓库及各施工对象的位置布置道路，并研究货物周转运行图，以明确各段道路上的运输负担，区别主要道路和次要道路。规划这些道路时要特别注意满足运输车辆的安全行驶，在任何情况下，不致形成交通断绝或阻塞。在规划临时道路时，还应考虑充分利用拟建的永久性道路系统，提前修建路基及简单路面，作为施工所需的临时道路。道路应有足够的宽度和转弯半径，现场内道路干线应采用环形布置，主要道路宜采用双车道，其宽度不得小于3.5m。临时道路的路面结构，应根据运输情况、运输工具和使用条件来确定。

5. 行政与生活福利临时建筑的布置

行政与生活福利临时建筑可分为以下3种：

1) 行政管理和辅助生产用房，包括办公室、警卫室、消防站、汽车库及修理车间等。

2) 居住用房，包括职工宿舍、招待所等。

3) 生活福利用房，包括俱乐部、学校、托儿所、图书馆、浴室、理发室、开水房、商店、食堂、邮亭、医务所等。

对于各种生活与行政管理用房应尽量利用建设单位的生活基地或现场附近的其他

永久性建筑，不足部分另行修建临时建筑物。临时建筑物的设计，应遵循经济、适用、装拆方便的原则，并根据当地的气候条件、工期长短确定其建筑与结构形式。

一般全工地性行政管理用房宜设在全工地入口处，以便对外联系，也可设在工地中部，便于全工地管理。工人用的福利设施应设置在工人较集中的地方或工人必经之路。生活基地应设在场外，距工地 500～1000m 为宜，并避免设在低洼潮湿、有烟尘和有害健康的地方。食堂宜设在生活区，也可布置在工地与生活区之间。

6. 临时供水管网的布置

（1）工地临时用水量的计算

建筑工地临时用水主要包括生产用水（含工程施工用水和施工机械用水）、生活用水和消防用水 3 部分。

1）工程施工用水量 q_1。

$$q_1 = K_1 \frac{\sum Q_1 N_1}{T_1 t} \cdot \frac{K_2}{8 \times 3600} \qquad (6\text{-}1)$$

式中　q_1——施工用水量，L/S；

　　　K_1——未预见的施工用水系数，一般取 1.05～1.15；

　　　Q_1——年（季）度完成工程量（以实物计量单位表示）；

　　　N_1——施工用水定额，参见表 6-6；

　　　T_1——年（季）度有效作业天数；

　　　t——每天工作班数；

　　　K_2——施工用水不均衡系数，参见表 6-7。

表 6-6　施工用水参考定额

序号	用水对象	单位	施工用水定额 N_1/L	备注
1	浇筑混凝土全部用水	m³	1700～2400	—
2	搅拌普通混凝土	m³	250	实测数据
3	搅拌轻质混凝土	m³	300～350	—
4	搅拌泡沫混凝土	m³	300	—
5	搅拌热混凝土	m³	300～350	—
6	混凝土自然养护	m³	200～400	—
7	混凝土蒸汽养护	m³	500～700	—
8	冲洗模板	m³	5	—
9	搅拌机清洗	m³	600	实测数据
10	人工冲洗石子	台班	1000	—
11	机械冲洗石子	m³	600	—
12	洗砂	m³	1000	—
13	砌砖工程全部用水	m³	150～250	—

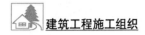

续表

序号	用水对象	单位	施工用水定额 N_1/L	备注
14	砌石工程全部用水	m³	50～80	—
15	粉刷工程全部用水	m³	30	—
16	砌耐火砖砌体	m³	100～150	包括砂浆搅拌
17	浇砖	千块	200～250	—
18	浇硅酸盐水泥砌块	m³	300～350	—
19	抹面	m³	4～6	不包括调制用水
20	楼地面	m³	190	主要是找平层
21	搅拌砂浆	m³	300	—
22	石灰消化	t	3000	—

表 6-7　施工用水不均衡系数

项次	K 值	用水对象	系数
1	K_1	施工工程用水	1.5
2		附属生产企业用水	1.25
3	K_2	施工机械、运输机械	2.0
4		动力设备用水	1.05～1.1
5	K_3	施工现场生活用水	1.3～1.5
6	K_4	生活区用水	2.0～2.5

2）施工机械用水量 q_2。

$$q_2 = \frac{K_1 \sum Q_2 N_2 K_2}{8 \times 3600} \tag{6-2}$$

式中　q_2——施工机械用水量，L/s；

　　　Q_2——同一种机械台数；

　　　N_2——施工机械用水定额，参见表 6-8；

　　　K_2——施工机械用水不均衡系数，参见表 6-7。

表 6-8　施工机械用水参考定额

序号	用水对象	单位	耗水量 N_2/L	备注
1	内燃挖土机	m³·台班	200～300	以斗容量 m³ 计
2	内燃起重机	t·台班	15～18	以起重量 t 计
3	蒸汽打桩机	t·台班	1000～1200	以锤重 t 计
4	内燃压路机	t·台班	12～15	以压路机 t 计
5	蒸汽压路机	t·台班	100～150	以压路机 t 计
6	拖拉机	台·昼夜	200～300	—
7	汽车	台·昼夜	400～700	—
8	标准轨蒸汽机车	台·昼夜	10000～20000	—

续表

序号	用水对象	单位	耗水量 N_2/L	备注
9	空气压缩机	(m^3/min)·台班	40～80	以压缩空气 m^3/min 计
10	内燃机动力装置（直流水）	马力·台班	120～300	—
11	内燃机动力装置（循环水）	马力·台班	25～40	—
12	对焊机	台·h	300	—
13	冷拔机	台·h	300	—
14	点焊机 25 型	台·h	100	实测数据
15	点焊机 50 型	台·h	150～200	实测数据
16	点焊机 75 型	台·h	250～350	实测数据
17	锅炉	t·h	1050	以小时蒸发量计

3）生活用水量 q_3。生活用水量包括现场生活用水和居民生活用水，可按下式计算：

$$q_3 = \frac{P_1 N_3 K_3}{t \times 8 \times 3600} - \frac{P_2 N_4 K_4}{24 \times 3600} \tag{6-3}$$

式中　P_1——施工现场最高峰昼夜人数；

N_3——施工现场生活用水定额，参见表 6-9；

K_3——施工现场生活用水不均衡系数，参见表 6-7；

t——每天工作班数；

P_2——生活区居民人数；

N_4——生活区生活用水定额，参见表 6-9；

K_4——生活区用水不均衡系数，参见表 6-7。

表 6-9　生活用水 N_3（N_4）参考定额

序号	用水对象	单位	耗水量 N_3（N_4）
1	工地全部生活用水	L/人·日	100～200
2	盥洗生活饮用	L/人·日	25～30
3	食堂	L/人·日	15～20
4	浴室（淋浴）	L/人·次	50
5	淋浴带大池	L/人·次	30～50
6	洗衣	L/人	30～35
7	理发室	L/人·次	15
8	小学	L/人·日	12～15
9	幼儿园、托儿所	L/人·日	75～90
10	医院	L/病床·日	100～150

4）消防用水量 q_4。消防用水量参考表 6-10 指标确定。

表 6-10　消防用水量指标

序号	用水名称	火灾同时发生次数	单位	用水量
一	居民区消防用水			
1	5000 人以内	一次	L/s	10
2	10000 人以内	二次	L/s	10～15
3	25000 人以内	二次	L/s	15～20
二	施工现场消防用水			
1	施工现场在 25km² 以内	一次	L/s	10～15
2	每增加 25 km² 递增	一次	L/s	5

5）总用水量 $Q_{总}$。

① 当 $(q_1 + q_2 + q_3) \leqslant q_4$ 时，有

$$Q = \frac{1}{2}(q_1 + q_2 + q_3) + q_4 \tag{6-4}$$

② 当 $(q_1 + q_2 + q_3) > q_4$ 时，有

$$Q = q_1 + q_2 + q_3 \tag{6-5}$$

③ 当 $(q_1 + q_2 + q_3) < q_4$，且工地面积小于 5km² 时，有

$$Q = q_4 \tag{6-6}$$

最后，计算出总用水量后，还应增加 10%，以补偿不可避免的水管漏水等损失，即

$$Q_{总} = 1.1Q \tag{6-7}$$

（2）选择水源

建筑工地的临时供水水源，应尽可能利用现场附近已有的供水管道，只有在现有的给水系统供水不足或无法利用时，才使用天然水源。

天然水源有地面水（江河水、湖水、水库水等）、地下水（泉水、井水）。

选择水源时应考虑以下因素：水量充沛可靠，能满足最大需水量的要求；符合生活饮用水、生产用水的水质要求；取水、输水、净水设施安全可靠；施工、运转、管理、维护方便。

总之，对于不同的水源方案，应从造价、劳动量消耗、物资消耗、竣工期限和维护费用等方面进行技术经济比较，做出合理的选择。

（3）临时供水管径的计算和管材的选择

1）管径计算。根据管道用水量，可按下列公式计算：

$$D_i = \sqrt{\frac{4Q_i \cdot 1000}{\pi v}} \tag{6-8}$$

式中　Q_i——某管段用水量，L/s，供水总管段按总用水量计算，环状管网按各环段管内同一用水量计算，枝状管网按各支管内最大用水量计算；

D_i——该管段需配供水管径，mm；

v——管中水流速度，m/s，参见表 6-11。

表 6-11 临时水管经济流速参考表

序号	管道名称	流速/（m/s）	
		正常时间	消防时间
1	支管 $D<100mm$	2	—
2	生产消防管道 D 为 $100\sim200mm$	1.3	>3.0
3	生产消防管道 $D>300mm$	1.5～1.7	2.5
4	生产用水管道 $D>300mm$	1.5～2.5	3.0

注：D 表示管径。

2）管材的选择。临时给水管道的管材，可根据管尺寸和压力大小来进行选择，一般干管为钢管或铸铁管，支管为钢管。

（4）临时供水管网的布置

1）布置方式。一般情况下有下列 3 种布置方式：

① 环状管网，管网为环行封闭图形。其优点是能保证供水的可靠性，当管网某处发生故障时，水仍可沿管网其他支管供给；其缺点是管线长，管材消耗量大，造价高。一般适合于建筑群或要求供水可靠的建设项目，如图 6-3（a）所示。

② 枝状管网：管网由干管和支管两部分组成。其优缺点与环状管网相反，管线短，造价低，但供水可靠性差。一般适用于中小型工程，如图 6-3（b）所示。

③ 混合式管网，主要用水区及干线管网采用环状管网，其他用水区采用枝状管网的供水方式。该供水方式兼有以上两种管网的优点，大多数工地上采用这种布置方式，尤其适合于大型工程项目，如图 6-3（c）所示。

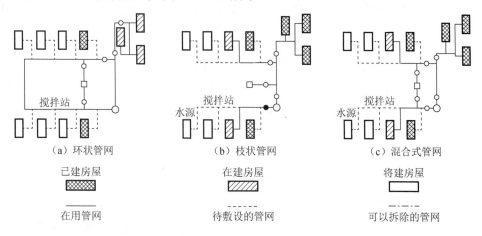

图 6-3 管网的布置方式

2）布置要求。

① 要尽量提前修建并利用永久性管网，同时应避开拟建或二期扩建工程的位置。

② 要满足各生产点的用水要求和消防要求。

③ 在保证供水的前提下，管道敷设得越短越好。

④ 应考虑在施工期间各段管网具有移动的可能性。

⑤ 高层建筑施工时，设置的临时水池、水塔应设在用水中心和地势较高处，同时还应有加压设备，以满足高空用水需要。

⑥ 供水管网应按防火要求设置室外消防栓。消防栓应靠近十字路口、路边或工地出入口附近布置，间距不大于 120m，距拟建房屋不小于 5m 且不大于 25m，距路边不大于 2m。其管径不小于 100mm。

⑦ 供水管网铺设有明铺（地面上）和暗铺（地面下）两种，为防止被压坏，一般以暗铺为好。严寒地区应埋设在冰冻线以下，明铺部分应考虑防寒保温措施等。

⑧ 各种管道布置的最小净距应符合有关规定。

7. 临时供电线路的布置

随着建筑施工机械化程度的不断提高，建筑工地上用电量越来越多。为了保证正常施工，必须做好施工临时供电设计。临时供电业务如下：①总用电量的计算；②电源的选择；③变压器的确定；④导线截面面积选择和配电线路布置。

（1）总用电量的计算

施工现场用电主要包括动力用电和照明用电两种，其总需要容量按下式计算：

$$P_{总} = P_{动} + P_{照} \tag{6-9}$$

或

$$P_{总} = (1.05 \sim 1.1) \left(K_1 \frac{\sum P_1}{\cos \varphi} \right) + K_2 \sum P_2 + K_3 \sum P_3 + K_4 \sum P_4 \tag{6-10}$$

式中　$P_{总}$——施工现场总需要容量，kVA；

　　　$P_{动}$——施工机械及动力设备总需要容量，kVA；

　　　$P_{照}$——室内、外照明总需要容量，kVA；

　　　$\sum P_1$——施工机械和动力设备上电动机额定功率之和，kW，常用机械设备电动

　　　　　　机额定功率参见表 6-12；

　　　$\sum P_2$——电焊机额定容量之和，kVA；

　　　$\sum P_3$——室内照明容量之和，kW；

　　　$\sum P_4$——室外照明容量之和，kW；

　　　$\cos \varphi$——电动机的平均功率因数，施工现场最高为 0.75～0.78，一般取 0.65～

　　　　　　0.75；

　　　K_1、K_2、K_3、K_4——需要系数，参见表 6-13。

表 6-12　常用机械设备电动机额定功率

机械名称	型号	额定功率/kW	机械名称	型号	额定功率/kW
蛙式打夯机	HW-20	1.5	混凝土输送泵	HB-15	32.2
	HW-60	2.8	插入式振动器	HZ$_6$X-30（行星式）	1.1
振动夯土机	HZ-380A	4		HZ$_6$X-35（行星式）	1.1
振动沉桩机	北京 580 型	45		HZ$_6$X-50（行星式）	1.1～1.5
	北京 601 型	45		HZ$_6$X-60（行星式）	1.1
	ZCQ-30（带振冲器）	30		HZ$_6$P-70A（偏心块式）	2.2
	CH20	55	平板式振动器	PZ-50	0.5
	DZ-4000 型（拔桩）	90		N-7	0.4
	CZ-8000 型（沉桩）	90	灰浆搅拌机	UJ325	3
螺旋钻孔机	LZ 型长螺旋钻	30		UJ100	2.2
	BZ-1 短螺旋钻	40	钢筋调直机	QJ$_4$-14/4（TQ$_4$-14）	2×4.5
	ZK2250	22		GJ$_6$-8（TQ$_4$-8）	5.5
螺旋式钻扩孔机	ZK120-1	13		GJ6-4/8	5.5
冲击式钻机	YKC-30M	40	数控钢筋调直切断机	GT12-22 型（液压）	22.5
塔式起重机	红旗 II-16（整体托运）	19.5	钢筋切断机	QJ$_5$-40（QJ40）	7
	QT40（TQ2-6）	48		QJ$_5$-40-1（QJ40-1）	5.5
	TQ60/80	55.5		QJ$_5$Y-32（Q32-1）	3
	QT100（自升式）	63.37	钢筋弯曲机	QJ$_7$-45（WJ40-1）	2.8
卷扬机	JJ2K-3	28		GW40	3
	JJ2K-5	40	砂轮切割机	J3GY-LD-400A	2.2
	JJM-0.5	3	交流电焊机	BX$_3$-120-1	9
	JJM-3	7.5		BX$_3$-300-2	23.4
	JJM-5	11		BX$_3$-500-2	38.6
	JJM-10	22		BX$_2$-1000（BG-1000）	76
自落式混凝土搅拌机	J$_1$-250（移动式）	5.5	单盘水磨石机	HM$_4$	2.2
	J$_2$-250（移动式）	5.5	双盘水磨石机	HM$_4$-1	3
自落式混凝土搅拌机	J$_1$-400（移动式）	7.5	木工圆锯	MJ106	5.5
	J-400A（移动式）	7.5		MJ114	3
	J$_1$-800（固定式）	17	木工平刨床	MB504A	3
强制式混凝土搅拌机	J$_4$-375（移动式）	10	载货电梯	JH$_5$	7.5
	J$_4$-1500（固定式）	55	混凝土搅拌站（楼）	HZ-15	38.5

表 6-13　需要系数（K 值）

序号	用电设备名称	数量	需要系数			
			K_1	K_2	K_3	K_4
1	电动机	3～10 台	0.7			
		11～30 台	0.6			
		30 台以上	0.5			
2	加工厂动力设备		0.5			
3	电焊机	3～10 台		0.6		
		10 台以上		0.5		
4	室内照明				0.8	
5	室外照明					1.0

　　单班施工时，不考虑照明用电，最大用电负荷量以动力用电量为准。

　　双班施工时，由于照明用电量所占的比例较动力用电量少得多，为简化计算，可取动力用电量的 10%作为照明用电量。此时，施工现场用电量计算式（6-9）、式（6-10）可简化为

$$P_{总}=1.1P_{动} \tag{6-11}$$

或

$$P_{总}=1.1\times(1.05\sim1.1)(K_1 + K_2\sum P_2)\frac{\sum P_1}{\cos\varphi} \tag{6-12}$$

　　（2）电源的选择

　　建筑工地用电的电源有以下几种。

　　1）完全由施工现场附近现有的永久性配电装置供给。

　　2）利用施工现场附近高压电力网，设临时变电所和变压器。

　　3）设置临时发电装置。

　　第一种方案是最经济、最方便的，第二种方案由于变电所受供电半径的限制，因此在大型工地上，须设若干个变电所，当一处发生故障时才不至于影响其他地区。当处于 380V/220V 低压电路时，变电所供电半径为 300～700m。

　　电源位置的选择，应根据施工现场的大小、用电设备使用期限的长短、各施工阶段的电力需用量和设备布置的情况来选择。一般应尽量设在用电设备最集中、负荷最大而输电距离最短的地方。同时，电源的位置应有利于运输和安装工作，且避开有强烈振动之处和空气污秽之处。

　　（3）变压器的确定

　　施工现场选择变压器时，必须满足下式要求：

$$P_{变} \geqslant P_{总} \tag{6-13}$$

式中　　$P_{变}$——所选变压器的容量，kVA，常用变压器容量参见表 6-14。

表 6-14 常用电力变压器性能表

型号	额定容量 /kVA	额定电压/kV		损耗/W		总质量 /kg
		高压	低压	空载	短路	
SJL$_1$-50/10（6.3、6）	50	10、6.3、6	0.4	222	1128、1098、1120	340
SJL$_1$-63/10（6.3、6）	63	10、6.3、6	0.4	255	1390、1342、1380	425
SJL$_1$-80/10（6.3、6）	80	10、6.3、6	0.4	305	1730、1670、1715	475
SJL$_1$-100/10（6.3、6）	100	10、6.3、6	0.4	349	2060、1985、2040	565
SJL$_1$-125/10（6.3、6）	125	10、6.3、6	0.4	419	2430、2325、2370	680
SJL$_1$-160/10（6.3、6）	160	10、6.3、6	0.4	479	2855、2860、2925	810
SJL$_1$-200/10（6.3、6）	200	10、6.3、6	0.4	577	3660、3530、3610	940
SJL$_1$-250/10（6.3、6）	250	10、6.3、6	0.4	676	4075、4060、4150	1080

（4）导线截面面积选择和配电线路布置

1）导线截面面积选择。导线的截面面积一般先根据负荷电流来选择，然后用电压损失和力学强度进行校核。当配电线路较长、线路上负荷较大时，应以电压损失为主计算选择截面面积；当配电线路上负荷较小时，通常以导线的力学强度要求来选择导线截面面积。但无论以哪一种为主选择导线截面面积，都应同时复核其他两种要求。

① 按允许电流选择。三相四线制配电线路上的负荷电流按下式计算：

$$I=\frac{K\cdot\sum P}{\sqrt{3}U\cdot\cos\varphi}\qquad(6\text{-}14)$$

式中 I——某配电线路上负荷工作电流，A；

K——某用电设备需要系数；

$\sum P$——某配电线路上总用电量，kW；

U——某配电线路上的工作电压，三相四线制取 380V；

$\cos\varphi$——电动机的平均功率因数，临时网路取 0.7～0.75。

按式（6-14）计算出某配电线路上的电流值后，即可根据配电线路的敷设方式查表 6-15 得所选导线截面面积，使通过该种导线的负荷电流值不超过导线最大允许规定值。

表 6-15 25℃时，设在绝缘支柱上（露天敷设）导线持续允许电流

序号	导线标称截面面积/mm²	裸线/A		橡皮或塑料绝缘线（单芯 500V）/A			
		TJ 型	LJ 型	BX 型	BLX 型	BV 型	BLV 型
1	4	—	—	45	35	42	32
2	6	—	—	58	45	55	42
3	10	—	—	85	65	75	59
4	16	130	105	110	85	105	80

续表

序号	导线标称截面面积/mm^2	裸线/A		橡皮或塑料绝缘线（单芯 500V）/A			
		TJ 型	LJ 型	BX 型	BLX 型	BV 型	BLV 型
5	25	180	135	145	110	138	105
6	35	220	170	180	138	170	130
7	50	270	215	230	175	215	165
8	70	340	265	285	220	265	205
9	95	415	325	345	265	325	250
10	120	485	375	400	310	375	285
11	150	570	440	470	360	430	325
12	185	645	500	540	420	490	380

② 按允许电压损失（电压降）选择。按允许电压损失选择导线截面面积时，要求配电导线的电压降必须在一定的限度之内；否则会造成距电源远的机械设备使用上的困难；电压损失过大，造成电动机不能起动运转；长期低压运转，造成电动机电流过大、升温过高而很快损坏。

配电导线截面面积的大小，按允许电压损失的计算公式如下：

$$S = \frac{\sum(P_{总}L)}{c[\varepsilon]} = \frac{\sum M}{c[\varepsilon]}$$ （6-15）

式中　S——配电导线截面面积，mm^2；

　　　L——用电负荷至电源的配电线路长度，m；

　　　$\sum M$——配电线路上负荷矩总和，等于配电线路上每个用电设备的总用电量 $P_{总}$

　　　　　　　与该负荷至电源的线路长度的乘积总和；

　　　c——常数，三相四线制中，铜线取 77，铝线取 46.3；

　　　$[\varepsilon]$——配电线路上的允许电压损失值，动力负荷线路取 10%，照明负荷线路取

　　　　　　　6%，混合线路取 8%。

当已知配电导线截面面积时，可按下式复核其允许电压损失值：

$$\varepsilon \leqslant \frac{\sum M}{cS}$$ （6-16）

式中　ε——配电线路上计算的电压损失值，%。

③ 按力学强度选择。按力学强度选择或复核导线截面面积时，要求所选导线截面面积应不小于力学强度允许的最小截面面积。当室外配电导线架空敷设，电杆间距为 25～40m 时，导线允许的最小截面面积是，低压铝质线为 16mm^2，高压铝质线为 25mm^2。其他情况下的导线按力学强度要求最小截面面积如表 6-16 所示。

表 6-16　导线按力学强度要求最小截面面积

序号	导线用途		导线最小截面面积/mm²	
			铜线	铝线
1	照明装置用导线	户内用	0.5	2.5
		户外用	1.0	2.5
2	双芯软电线	用于吊灯	0.35	—
		用于移动式生活用电设备	0.5	—
3	多芯软电线及电缆	用于移动式生产用电设备	1.0	—
4	绝缘导线固定架设在户内绝缘支持件上	间距为 2m 及以下	1.0	2.5
		间距为 6m 及以下	2.5	4
		间距为 25m 及以下	4	10
5	裸导线	户内用	2.5	4
		户外用	6	16
6	绝缘导线	穿在管内	1.0	2.5
		设在木槽内	1.0	2.5
7	绝缘导线	户外沿墙敷设	2.5	4
		户外其他方式敷设	4	10

注：目前已生产出截面面积小于 2.5mm² 的 BBLX、BLX 型铝芯绝缘电线。

2）配电线路的布置。配电线路的布置与给水管网相似，也是分为环状、枝状和混合式 3 种。其优缺点与给水管网相似。建筑工地电力网中，一般 3～10kV 的高压线路采用环状布置；380V/220V 的低压线路采用枝状布置。

为架设方便，并保证电线的完整，以便重复使用，建筑工地上一般采用架空线路。在线路需跨越主要道路时应改用电缆。大多架空线路装设在间距为 25～40m 的木杆上，离道路路面或建筑物的距离应不小于 6m，离铁路轨顶的距离应不小于 7.5m。临时低压电缆应埋设于沟中，或吊在电杆支撑的钢索上，这种方式比较经济，但使用时应充分考虑施工的安全。

6.5.3　施工总平面图的绘制

施工总平面图是施工组织总设计的重要内容，是要归入档案的技术文件之一。因此，要求精心设计，认真绘制。现将绘制步骤简述如下：

1. 确定图幅大小和绘图比例

图幅大小和绘图比例应根据建设项目的规模、工地大小及布置内容多少来确定。图幅一般可选用 1～2 号图纸大小，比例一般采用 1∶1000 或 1∶2000。

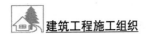

2. 合理规划和设计图面

施工总平面图除了要反映现场的布置内容外，还要反映周围环境和面貌（如已有建筑物、场外道路等）。故绘图时，应合理规划和设计图面，并应留出一定的空余图面绘制指北针、图例及文字说明等。

3. 绘制建筑总平面图的有关内容

将现场测量的方格网、现场内外已建的房屋、构筑物、道路和拟建工程等，按正确的内容绘制在图面上。

4. 绘制工地需要的临时设施

根据布置要求及面积计算，将道路、仓库、加工厂和水、电管网等临时设施绘制到图面上去。对于复杂的工程，必要时可采用模型布置。

5. 形成施工总平面图

在进行各项布置后，经分析比较、调整修改，形成施工总平面图，并做必要的文字说明，标上图例、比例、指北针。要得到最优、最理想的施工总平面图，往往应编制几个方案进行比较，从中择优。

完成的施工总平面图，其比例要正确，图例要规范，线条粗细分明，字迹端正，图面整洁美观。

6.6 施工组织设计实例

6.6.1 工程概况

本住宅小区规划新建职工住宅 14 幢，大礼堂 1 幢，配套公用建筑 1 幢。第一期工程新建职工住宅 6 幢，采用中型混凝土空心砌块住宅设计标准图。其中二单元四层住宅 2 幢，计 3591.68m²；二单元五层住宅 2 幢，计 4489.60m²；四单元五层住宅 2 幢，计 5096.80m²。总计建筑面积为 13178.08m²，共 224 套住宅，平均每户建筑面积为 58.83m²。

小区紧靠商业中心，场外运输道路畅通。场内为耕植低洼地，西端有一处暗塘，东面有一条废旧下水道，均须做换土处理。

1. 建筑设计

平面布置全部采用一梯二户型，每户均设有单独阳台、卫生间、厨房。外墙采用钢门窗并带预制钢筋混凝土窗套，内部采用普通木门窗；外墙粉刷采用彩色弹涂，内粉刷为混合砂浆打底，满刷 107 胶白灰，外刷 8211 涂料。楼地面做无砂细石混凝土面层。屋面采用刚性防水层。

2. 结构设计

基础采用浅埋式钢筋混凝土带形基础；上部为全装配结构，共计有预制构件 20 类，57 种不同规格，共 41023 件，体积为 3253.14 m³，折合质量 8148t，如表 6-17 所示。以上构件均委托构件公司生产，直接运至现场。

表 6-17　主要材料、构配件需用量计划表

序号	构件名称	型号	种数	件数	实体积/m³	质量/t
1	砌块	K05-K18	6	21772	1410.67	3527
2	多孔板	YKB	14	4532	789.49	1974
3	挑梁	TYL	3	337	92.45	231
4	空心圈梁	QL	11	2481	316.89	792
5	屋面人孔板	WRB	1	24	5.67	14
6	厨房楼板	B_2、B_2H	2	176	54.3	135
7	浴厕楼板	B_4	1	176	70.06	175
8	雨篷	YB	2	72	13.92	35
9	挂板	FYB	1	48	2.98	7
10	楼梯段	TB	3	328	108.4	271
11	壁橱	PK_1	1	224	63.84	160
12	碗橱	PK_2	1	224	19.26	48
13	阳台栏板	LB	2	352	71.46	179
14	梯间花格	THC	1	128	13.70	34
15	端墙垫块	DK_2	1	810	4.05	10
16	屋面隔热板		1	2662	66.4	166
17	隔热板垫板		1	3150	8.19	20
18	信箱	PK_3	1	24	1.44	4
19	带套钢窗	GCK	3	3327	61.23	153
20	天沟板	YYB	1	176	85	213

本工程的结构特点：

1）墙体采用混凝土空心砌块，有 6 种型号，长度分别为 50cm、70cm、80cm、100cm、120cm 和 150cm，高度为 80cm，厚度 20cm。

按砌块排列图砌筑，无须镶砖。水平缝用 M10 砂浆、竖缝用 C20 细石混凝土灌实。

2）预制空心圈梁，用 M10 砂浆坐灰安装。接头钢筋用电焊连接，灌 C20 混凝土。

3）楼梯、阳台栏板、雨篷、天沟均为预制装配式。

4）整体式浴厕间面积 1.5m² 左右，壁厚 3cm，用钢丝网水泥砂浆内外粉刷制成，现场制作。

本工程钢筋混凝土预制构件品种多，数量大，且施工场地较狭窄，因此须解决好构件的配套供应，按时进场、合理堆放，并选择适当的吊装机械。

6.6.2　施工部署和施工方案

施工准备工作顺序如图 6-4 所示。

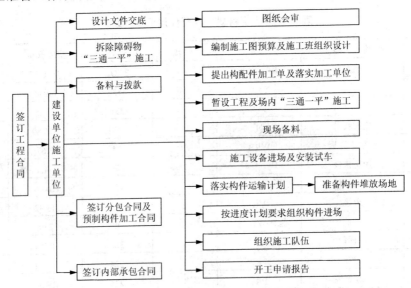

图 6-4　施工准备工作顺序

1. 工程开展程序

本工程中最重的构件是预制楼梯段，单件质量 0.83t，要求最大起吊高度为 16m。本工程南、北两幢住宅的间距为 13～16m，布置一台 16 t·m 塔式起重机可兼顾前后两幢住宅的吊装。

单幢砌块住宅施工程序如图 6-5 所示。

2. 主要项目的施工方法

（1）主体工程施工方法

1）砌体住宅的施工特点。混凝土空心砌块住宅施工，首先，其装配化程度高，吊装速度快，故必须做到构配件配套供应，及时组织运输，并保证有一定的储备。其次，构件吊装高空作业多，施工人员要听从统一指挥，做到分工明确，配合默契，安全措施健全。第三，构件堆场利用率高，场内运输频繁，必须加强现场管理工作，文明施工。

2）施工准备。主体工程施工前要分层按施工图核对砌块和构配件的规格、型号、数量，要满足连续施工的需要。

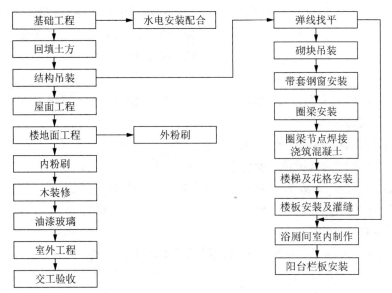

图 6-5　单幢砌块住宅施工程序

3）砌筑要点。砌筑应从转角处开始，按砌块排列图顺序进行。横墙应伸入纵墙，砌筑时先铺水平缝砂浆，厚 1.5～2.0cm。在砌块位置的两端各放两只小木楔，木楔面略低于砂浆面。在每个开间或每个进深的一皮砌块吊完后，应拉线、挂线坠校正垂直度和水平标高。相邻块安装校正后，采用工具式夹模浇筑竖缝细石混凝土，竖缝必须当天浇完，不得过夜。

砌筑空心砌块时上下皮孔肋要对齐，上下皮砌块竖缝距离不少于 1 个孔（≥90mm）。角柱施工要考虑配合施工进度，边吊边扎筋边浇筑混凝土。

4）吊装方法。

① 砌块吊装：本工程采用塔式起重机配合滑轨式楼面起重机进行施工，其顺序为先用塔式起重机将砌块吊上楼面，然后用楼面吊进行砌块吊装。吊装时一层三皮砌块连续安装，从端墙开始，边吊边退，直至最外边一间时，用塔式起重机将楼面吊吊至上一层楼面，剩下的砌块由塔式起重机吊装完成。

② 圈梁、挑梁安装：当每层砌块吊装工作完成一半左右时即可安装圈梁、挑梁。安装时应留好现浇接头的位置。

为了缩短工期，砌块吊装和圈梁安装可交叉进行。

如无楼面起重机，可用塔式起重机直接吊装砌块。其顺序为先用塔式起重机将砌块

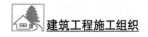

成捆地从地面吊至楼面，然后将砌块逐一吊装就位，可以分皮成圈进行吊装，水平操作与垂直运输同时进行。由于施工面大，整幢流水或分段作业均可。

③ 其他构件吊装：预制楼梯段在圈梁安装完毕后立即吊装，以便利用。休息平台处的砌块要按标高预先打凿，另行堆放。阳台栏板在屋面顶层完后安装。为保证各阳台立面上下、水平位置整齐对正，阳台栏板吊装前必须弹出水平线与垂直线。施工时由塔式起重机安装就位，电焊焊接。栏板外侧的焊点应待外架子搭设后抹灰前再焊。

（2）内外墙饰面及楼面施工方法

混凝土空心砌块表面比较平整，吸湿性差，内外粉刷有一定困难。施工时要防止抹灰层起壳，保证饰面与混凝土结合良好。

1）本工程外墙采用彩色水泥弹涂饰面，1号和2号楼为米黄色，3号和4号楼为肉红色，5号和6号楼为橘黄色。操作步骤如下：

① 清除墙面尘土，拔除吊砌块时垫的木楔并用砂浆补平。

② 基层抹灰（水泥：白灰膏：黄沙=1：1：6）厚度控制在8～10mm，用木砂板搓平压实，不得有明显缺陷。

③ 刷底色。待基层抹灰稍干燥后，用棕板刷在墙面上刷一遍色浆，要求涂色均匀不露底。色浆用白水泥：白石粉=1：1加15%107胶溶液配制而成，颜色根据设计确定。

④ 按设计要求设置分格条。

⑤ 弹色点。按一幢住宅外墙饰面的需用量，将白水泥、白石粉、颜料一次拌匀，用塑料袋装好备用。使用时加入107胶溶液调匀。弹点色浆和底色色浆的颜色要相同。弹点要均匀，避免水泥浆流淌。

⑥ 表面防水处理。待弹点干燥后，喷一层建筑防水剂。

2）内墙饰面：基层用1：1：9混合砂浆抹灰，厚度控制在10mm以内。待基层稍干后，用白灰膏加107胶做腻子满刮两遍，用砂纸打磨后涂刷8211墙面涂料两次。

3）预制板底平顶饰面。本工程所用楼板为钢模生产的圆孔板，板底平整，故采用107胶纸筋灰批嵌工艺。

4）楼面面层施工方法。采用无砂细石混凝土随捣随抹的方法施工。施工前必须将基层清理干净，不平处修凿平整。无砂细石混凝土的配合比1：2.5［水泥：（3～6）mm碎石］，厚度为3cm。

6.6.3 施工总进度计划

施工总进度计划如图6-6所示。

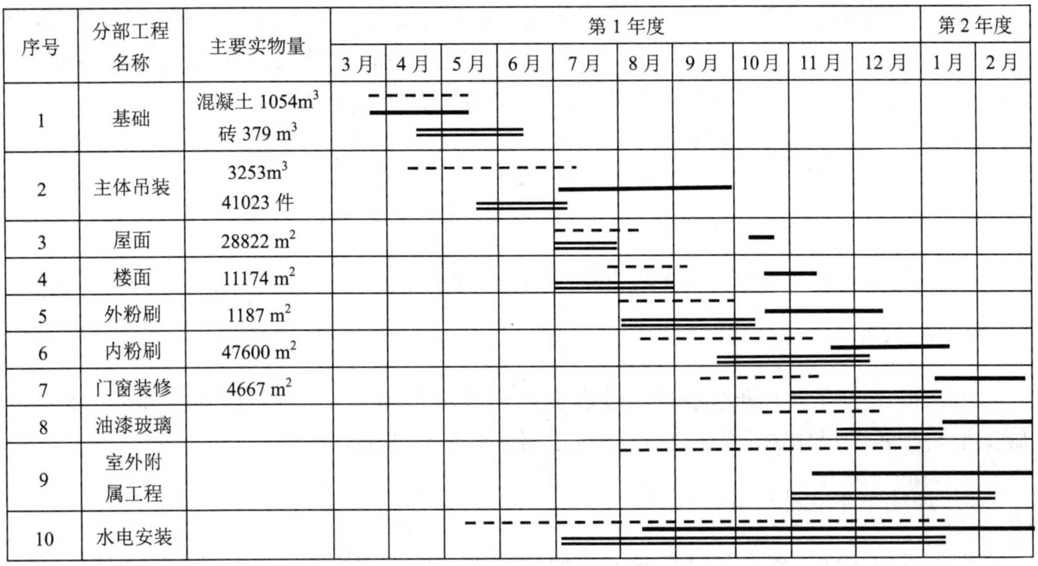

序号	分部工程名称	主要实物量	第1年度										第2年度	
			3月	4月	5月	6月	7月	8月	9月	10月	11月	12月	1月	2月
1	基础	混凝土 1054m³ 砖 379 m³												
2	主体吊装	3253m³ 41023 件												
3	屋面	28822 m²												
4	楼面	11174 m²												
5	外粉刷	1187 m²												
6	内粉刷	47600 m²												
7	门窗装修	4667 m²												
8	油漆玻璃													
9	室外附属工程													
10	水电安装													

图 6-6　施工总进度计划

6.6.4　施工准备

1. 施工道路

1）场内运输道路的入口紧靠城市主要道路，1号与2号和2号与3号住宅之间的道路为构件进场道路，北面道路作为砂石、石灰等材料运输用。

2）道路做法：利用永久性道路路基，标高提高10cm，上铺厚8cm碎石，用10t压路机压实。

2. 施工用电

施工时高峰用电计划为116kW。因使用塔式起重机要求有较稳定的电源电压，由建设单位安装1台125kVA变压器。场内电源线全部敷地下暗管线，以免影响塔式起重机工作。有关砌块住宅施工总用电量可按式（6-10）计算：

砌块施工主要机械用电定额参考表6-18。

表 6-18　砌块施工主要机械用电定额参考

机械名称	型号	功率
塔式起重机	QT-16	22.2kW
混凝土搅拌机	JG250	7.5 kW
灰浆搅拌机	UJZ-200	3 kW
电焊机	BX-330	21kVA
滑轨式楼面起重机		12.1 kW

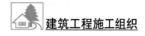

本工程同时使用 2 台 16 t·m 塔式起重机，1 台混凝土搅拌机，1 台砂浆搅拌机，1 台滑轨上墙机，1 台电焊机。待装修阶段使用其他机械时，塔式起重机已拆除，故用电量不考虑。照明用电以机械总用电量的 10%估算，具体计算如下：

$$P_{总} = 1.1 \times \left[\frac{1 \times 22.2 \times 2 + 0.7 \times (7.5 + 3 + 12.1)}{0.8} + 1 \times 21 \right] \times 1.1$$

$$\approx 116.49 \text{kVA}$$

由上式知，用 125kVA 电源变压器可满足要求。

3. 施工用水

由城市供水管引入进水水表。进水总管直径为 50mm，分管直径为 25mm。水管按施工平面布置图沿路侧埋设，穿过临时道路时设套管加固。

4. 场地平整及地面排水

为了堆放构件，整个场地要求一次回填至设计标高，用 10t 压路机分层压实。基础完工后，室内的土方要求立即分层夯实回填至设计标高，作堆场用。地面排水 1 号、5 号住宅直接排入北面石砌暗沟，其余均排入中间南北走向的城市下水总管。

6.6.5 主要施工机械计划

主要施工机械进出场计划表如表 6-19 所示。

表 6-19　主要施工机机械出场计划表

序号	机械名称	台数	进场时间	退场时间	说明
1	QT16 塔式起重机	2	4 月中旬	11 月中旬	主体吊装用
2	QT10 塔式起重机	1	4 月中旬	6 月中旬	设于 2 号、3 号间，作辅助吊装用
3	混凝土搅拌机	1	3 月上旬	12 月上旬	基础及楼地面工程用
4	砂浆搅拌机	4	3 月下旬	第 2 年度 3 月中旬	
5	10t 压路机	1	3 月下旬	第 2 年度 3 月中旬	塔式起重机路基及道路压实用
6	滑轨式楼面起重机	2	4 月中旬	第 2 年度 10 月中旬	吊砌块用
7	电焊机	1	4 月中旬	第 2 年度 10 月下旬	焊圈梁接头及阳台栏板用
8	卷扬机	8	7 月上旬	第 2 年度 2 月下旬	装饰工程用
9	氧割设备	1	8 月中旬	第 2 年度 2 月下旬	楼梯栏杆割焊用
10	水泵	1	6 月上旬	11 月下旬	冲洗楼面用，15m 扬程
11	地坪抹光机	2	6 月上旬	11 月下旬	
12	电动打夯机	1	4 月中旬	第 2 年度 3 月中旬	回填土方夯实用

6.6.6　劳动力配备计划

1）根据施工图预算，本工程按分部工程划分现场用工数量如表 6-20 所示。

表 6-20　现场用工数量表

（单位：工日）

幢号	建筑面积/m²	总用工	基础及土方	主体结构	屋面及楼面	内外粉刷	木装修及门窗	油漆	附属	其他
1	2244.80	7197	2058	1930	746	1531	217	270	290	155
2	2244.80	7197	2058	1930	746	1531	217	270	290	155
3	1795.84	5915	1686	1558	639	1240	171	215	284	122
4	1795.84	5915	1686	1558	639	1240	171	215	284	122
5	2548.40	7896	2332	2037	830	1723	228	292	290	164
6	2548.40	7896	2332	2037	830	1723	228	292	290	164
合计	13178.40	42016	12152	11050	4430	8988	1232	1554	1728	882
分部用工比例/%		100	28.92	26.30	10.54	21.36	2.93	3.70	4.11	2.10
单方用工量/工日		3.19	0.92	0.84	0.34	0.68	0.09	0.12	0.13	0.07

2）据施工进度的要求，参照表 6-20 的用工数，制定主要工种劳动力需用量计划如表 6-21 所示。

表 6-21　主要工种劳动力需用量计划表

（单位：工日）

工种名称	第 1 年度										第 2 年度			
	3月	4月	5月	6月	7月	8月	9月	10月	11月	12月	1月	2月	3月	4月
瓦抹工	20	20	40	60	80	100	100	100	80	60	60	40	20	10
木工	1	4	10	10	10	10	10	10	10	10	8	8	8	2
钢筋工		2	2	2	2	2	2	2	2	2	1	1	1	
竹工		2	4	6	6	6	6	6	4	4	2	2	1	
混凝土	135	180	95	6	10	10	10	10	6	4	4	4	4	2
石工		1	2	2	2	2	2	2	2	2	2	1		
电焊工		1	1	1	1	1	1	1	1					
油漆工						4	4	8	8	8	8	6	4	2
机电工		4	6	7	7	7	7	7	4	2				
其他工	4	8	10	10	10	13	13	13	10	8	6	4	2	2
月人数	160	222	170	104	128	155	155	159	130	102	93	68	39	18

① 本工程水卫电工程分包给其他施工单位，人工数未列入表 6-20。

② 第二年 4 月为检修用工日数。

③ 整体浴厕间由吊装班利用间歇时间制作，一般安排在每层楼板铺完后施工。

④ 按中型砌块施工现场规程的要求，建立以瓦工为主的专业吊装班（吊装完成后转做抹灰），其人员安排如下：

上下挂钩 3 人、构件校正 2 人、铺砂浆 2 人、灌缝 2 人、就位砌筑 2 人、塔式起重

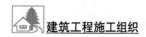

机指挥 1 人、校正 2 人、塔式起重机司机 1 人、滑轨式起重机司机 1 人、搬运砂浆 2 人，每班共计 18 人。

⑤ 实际安排工日数比预算工日数多（按每月出勤 25.5d 计），已考虑节假日和其他缺勤因素。

⑥ 土方工程已包括基础土方加固用工（0.41 工日/m²）。如果不考虑此部分人工，则现场用工为 2.78 工日/m³，较一般砖混住宅现场用工（3.5～4.5 工日/m²）低，其原因是砌块住宅预制装配化程度高，但大量装饰工程用工尚未降低，有待日后改进。

6.6.7　施工总平面图布置

1. 平面布置

施工总平面布置图如图 6-7 所示。

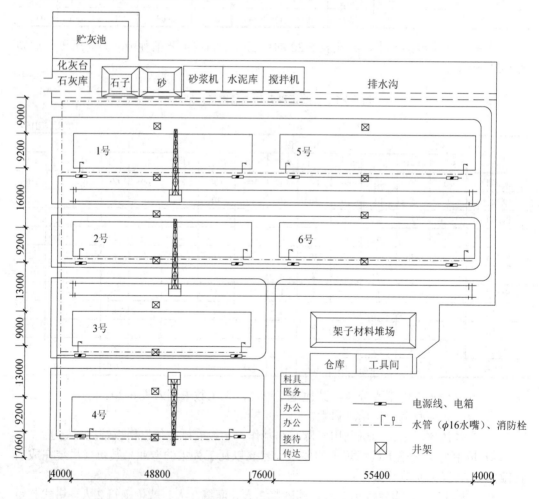

图 6-7　施工总平面布置图

图 6-7 说明如下：

1）井架待装饰工程开始时搭设，均为提升笼，一般在塔式起重机退场后安装。

2）因砌块吊装采用塔式起重机，故在装饰工程前所有场内电线均为铁管走地线，但塔式起重机退场后之井架电源线不在此列。

3）混凝土搅拌机在基础阶段时有用 400L，以后则用 250L。

4）道路宽均为 3m，做法为素土压实后，铺厚度为 10cm 道砟压实后，上铺厚度为 8cm 碎石。

2. 平面布置原则

1）临时道路的布置已考虑和永久性道路相结合，并设置回车道，以保证场内运输畅通。

2）尽可能利用建设单位原有建筑做现场临时设施。

3）考虑二期工程重复使用暂设工程的可能性，将化灰池和混凝土搅拌机位置设在西北角，与构件运输道分开。

4）根据塔式起重机最大回转半径和最重构件的质量确定塔式起重机位置。

5）构件堆放应尽可能布置在塔式起重机回转半径范围以内。

砌块住宅属全装配型建筑，预制构件用量大（约 3 件/m^2），施工速度较快（平均每台班需吊装构件 250～300 件），所以预制构件的储备、堆放及合理使用场地对砌块住宅施工影响较大。

① 堆放场地要求平整、压实，楼板堆放必须按规定设置搁置点。

② 各种型号的砌块及构件分类堆放。

③ 砌块要垂直堆放，开口端朝下，一般堆高以不超过二皮为宜，如场地狭窄也可堆高到三皮，但须组织边运输边吊装。

④ 堆场应有良好的排水设施。

每 1000m^2 建筑面积构件需用量参考指标如表 6-22 所示。

表 6-22 每 1000m^2 建筑面积构件需用量参考指标

构件名称	需用量	构件名称	需用量
砌块	1646 块	碗橱壁龛	63 件
空心楼板	343 块	挑梁圈梁	227 件
楼梯段	12.5 件	阳台栏板	25 件
平板	36 件	隔热板垫块	739 件

主要构件堆场面积需用量参考指标如表 6-23 所示。

表 6-23 主要构件堆场面积需用量参考指标

构件名称	单位	面积需用量	
		堆高	面积/m²
砌块	m²/100 块	1 皮	20
		3 皮	7.7
多孔板	m²/100 块	3 皮	105
		7 皮	45.5
楼梯段	m²/10 块	1 皮	30.5
		7 皮	4.35
挑梁圈梁	m²/100 块	1 皮	60
		5 皮	14

6.6.8 质量、安全和降低成本措施

1. 保证工程质量措施

1）基础施工开挖基槽时，如发现土质情况与勘探图不符，应与设计单位共同研究处理。

2）基础及场地回填土应分层夯实至室外地坪标高，以满足铺设塔吊轨道和汽车行走的要求，并可保证回填土质量。

3）按照《建筑地基基础工程施工质量验收规范（GB 50202—2002）》要求做好每一幢建筑物的沉降观察。

4）砌筑时的标高应从基础顶面找平开始控制，并在每道墙体的下部划出通长的标志。每层墙体完成后应复核标高，如有偏差可用同等级砂浆找平，若偏差大于 2cm，则用 C20 细石混凝土找平。

5）砌筑砌块时用的小木楔，在砂浆初凝后不得再撬动，待砂浆强度达到 70%时方可拔除。

6）砌块一经就位校正，应随即灌注垂直缝，空缝不宜过夜。灌缝后的砌块如因碰撞松动，应返工重砌。

7）山墙隔热填充材料应在砌块砌筑时分层捣实，并确保灰缝的密封质量。

8）按规定及时做好砂浆和混凝土试块。

9）刚性屋面防水层施工前应注意天气情况，遇雨暂缓施工。浇筑细石混凝土严格控制厚度，并保证钢筋位置正确，操作人员不得踩踏钢筋网片。混凝土浇筑完后盖草袋并浇水养护。

10）外墙彩色弹涂先做样板，经有关部门鉴定确认合格后方可大面积施工。

2. 安全措施

1）加强安全生产宣传教育工作，现场设置醒目的安全生产标语牌。

2）坚持做到交任务必须交安全措施和要求。经常组织有关人员检查安全生产情况，发现问题及时解决。

3）确保施工现场道路畅通，构件材料按布置图堆放整齐，搞好施工现场管理。

4）每幢住宅从第二层开始，必须沿建筑物四周搭设安全网，并逐层加设，待屋面工程完工后方可拆除。

5）提高现场施工机械设备的完好率，吊具必须可靠。现场设专职机修工负责检查，发现问题及时解决。

6）堆在楼板上的砌块，应适当分散，不得集中堆放。

7）墙体施工时，不准在墙上加设受力支撑或缆风绳。

8）遇大雾、雷暴雨、六级以上大风及晚上照明不足的情况时，应停止吊装。

3. 降低成本措施

1）安排好室内外土方回填挖运平衡工作，避免重复倒运。

2）施工道路利用永久道路路基，节约临时设施费用。混凝土构件堆放场地平整压实，避免土方沉陷引起构件损坏。

3）混凝土构件尽可能堆放在塔吊行走回转半径范围内，减少场内二次搬运，并利用塔吊卸车。

4）吊装砌块用的小木楔与堆放构件用的垫木或垫块应及时回收重复使用。

5）混凝土及砂浆掺用粉煤灰等外加剂，减少水泥用量。

6）墙面粉刷和楼地面浇筑混凝土要防止超过厚度。

7）对进场的材料与构件加强检查验收，把好材料质量关。

8）实行工程经济承包制与节约计奖制度。

6.6.9　冬期、雨期施工方法和措施

1）冬期施工时应按气温条件在砂浆或混凝土中加抗冻剂。本工程外墙饰面为彩色弹涂，故不能使用食盐，以防日后泛白影响外观。

2）受冻灰缝处的砌块应拆除重砌。

3）本工程主体吊装工程已考虑避开冬期施工（见施工总进度计划），以上措施仅在工程因故延期情况下采用。

4）雨天及气温低于 0℃时不能进行外墙弹涂施工。对已经弹涂的墙面应注意防止天沟落水污染饰面，并及时安装屋面落水管道。

5）雨天停止砌筑砌块。雨后继续施工时应对当天砌的砌块复核垂直度，砂浆冲刷处要补灌或重砌。

6.6.10　主要技术经济指标

1）用工消耗。单方总用工 3.19 工，其中，基础及土方 0.92 工、主体结构 0.84 工、

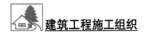

屋面及楼地面 0.34 工、内外粉刷 0.68 工、木门窗装修 0.09 工、油漆玻璃 0.12 工、附属工程 0.13 工、其他 0.07 工。

2）每平方米建筑面积主要材料耗用量如表 6-24 所示。

表 6-24 主要材料耗用量表（每平方米建筑面积）

序号	材料名称	单位	基础工程	主体工程	装修工程	楼地工程	附属工程	预制构件制作	钢门窗制作	合计
1	水泥	kg	27.70	22.70	13.70	24.50	3.40	91.00		183.00
2	钢筋	kg	5.10	1.70		0.30	0.20	8.38	(7.5)	(23.18)
3	圆钉	kg	0.02	0.007	0.002		0.001	0.04		0.07
4	铅丝	kg	1.70	0.02		0.004		0.03		1.75
5	铁件	kg		0.42	0.56	0.01		0.20	0.38	1.57
6	钢丝网	kg		0.67	0.02					0.69
7	焊条	kg		0.01	0.03				0.02	0.06
8	黄沙	m³	0.09	0.05	0.03	0.05	0.01	0.14		0.37
9	石子	m³	0.10	0.03		0.08	0.01	0.24		0.46
10	模板	m³	0.001	0.001				0.006		0.008
11	木料	m³			0.014					0.014
12	块石	m³	0.004							0.004
13	生石灰	kg	1.12	0.66	25.15	1.86	0.02			28.81
14	标准砖	块	23.80	1.07			6.02			30.89
15	玻璃	m²			0.20	0.03				0.20
16	纸筋	kg			1.59					1.62
17	白灰膏	kg			9.32					9.32
18	油漆材料	kg			0.26					0.28
19	脊瓦	张				0.32				0.32
20	镀锌薄钢板	m²				0.026				0.026
21	107 胶	kg			0.10					0.10
22	白石粉	kg			0.89					0.89
23	防水剂	kg			0.02					0.02
24	颜料粉	kg			0.03					0.03

3）三材耗用量。

① 水泥 183kg/ m²。

② 木材 0.022 m³/ m²。

③ 钢材 15.68kg/ m²。

思考与练习

一、思考题

1．施工组织总设计的作用和编制依据是什么？

2．施工组织总设计的内容有哪些？其编制程序如何？

3．施工组织总设计与单位工程施工组织设计有何关系？

4．在施工部署与施工方案中应解决哪些主要问题？

5．试述施工总进度计划的作用和编制步骤。

6．施工用水量如何确定？供水管网的布置方式和要求有哪些？

7．施工总用电量如何确定？如何选择配电导线？

8．配电导线截面面积的大小应满足哪些条件？其布置有哪些要求？

9．试述施工总平面图包含的内容、设计步骤及绘图要求。

二、练习题

1．单项选择题。

（1）编制施工组织总设计时，应首先（   ）。

    A．拟定施工方案   B．编制施工进度计划

    C．确定施工部署   D．估算工程量

（2）在进行施工总平面图设计时，全工地性行政管理用房宜设置在（   ）。

    A．工地与生活区之间   B．工人较集中的地方

    C．距工地 500～1000m 处   D．工地入口处

（3）设计全工地性施工总平面图时，首先应研究（   ）。

    A．垂直运输机械的类型和规格

    B．大宗材料、成品、设备等进入工地的运输方式

    C．场内材料的运输方式

    D．材料、成品的现场存储方式

2．多项选择题。

（1）施工组织总设计是以（   ）为对象编制的。

    A．建设项目   B．单项工程   C．单位工程

    D．施工工程   E．群体工程

（2）施工组织总设计内容中施工部署的主要工作应包括（   ）。

    A．确定工程开展程序   B．组织各种资源

  C．拟定主要项目施工方案   D．明确施工任务划分与组织安排

  E．编制施工准备工作计划

（3）编制施工总进度计划的基本要求是（ ）。

  A．保证工程按期完成   B．改善施工环境

  C．加快施工进度   D．发挥投资效益

  E．节约施工费用

（4）在施工总平面图的设计步骤中，各种加工厂的布置原则包括（ ）。

  A．方便使用 B．安全防火   C．布置分散

  D．运输费用低 E．靠近工地出入口

 3．判断题。

（1）设计施工总平面图一般应先考虑场外交通的引入。   （ ）

（2）在设计施工总平面图时，各种加工厂布置应以方便使用、安全防火、集中布置为原则。   （ ）

 4．填空题。

（1）施工总进度计划是施工现场各项施工活动在_____上和_____上的体现。

（2）在设计施工总平面图时，当大批材料由公路运入工地时，一般先布置_____，再布置场外交通的引入。

（3）现场临时道路，应采用_____形布置，主要道路宽度不小于_____m，次要道路宽度不小于_____m。

附录 《建筑施工组织设计规范》（GB/T 50502—2009）内容及说明

1 总 则

1.0.1 为规范建筑施工组织设计的编制与管理，提高建筑工程施工管理水平，制定本规范。

1.0.2 本规范适用于新建、扩建和改建等建筑工程的施工组织设计的编制与管理。

1.0.3 建筑施工组织设计应结合地区条件和工程特点进行编制。

1.0.4 建筑施工组织设计的编制与管理，除应符合本规范规定外，尚应符合国家现行有关标准的规定。

2 术 语

2.0.1 施工组织设计（construction organization plan）。

以施工项目为对象编制的，用以指导施工的技术、经济和管理的综合性文件。

说明：施工组织设计是我国在工程建设领域长期沿用下来的名称，西方国家一般称为施工计划或工程项目管理计划。在《建设项目工程总承包管理规范》（GB/T 50358—2017）中，把施工单位这部分工作分成了两个阶段，即项目管理计划和项目实施计划。施工组织设计既不是这两个阶段的某一阶段内容，也不是两个阶段内容的简单合成。它是综合了施工组织设计在我国长期使用的惯例和各地方的实际使用效果而逐步积累的内容精华。施工组织设计在投标阶段通常被称为技术标，但它不仅包含技术方面的内容，而且涵盖了施工管理和造价控制方面的内容，是一个综合性的文件。

2.0.2 施工组织总设计（general construction organization plan）。

以若干单位工程组成的群体工程或特大型项目为主要对象编制的施工组织设计，对整个项目的施工过程起统筹规划、重点控制的作用。

说明：在我国，大型房屋建筑工程标准一般指：

1 25 层以上的房屋建筑工程。

2 高度 100m 及以上的构筑物或建筑物工程。

3 单体建筑面积 3 万 m² 及以上的房屋建筑工程。

4 单跨跨度 30m 及以上的房屋建筑工程。

5 建筑面积 10 万 m² 及以上的住宅小区或建筑群体工程。

6 单项建安合同额为 1 亿元及以上的房屋建筑工程。 但在实际操作中，具备上述规模的建筑工程很多只需编制单位工程施工组织设计，需要编制施工组织总设计的建筑工程，其规模应当超过上述大型建筑工程的标准，通常需要分期分批建设，可称为特大型项目。

2.0.3 单位工程施工组织设计（construction organization plan for unit project）。

以单位（子单位）工程为主要对象编制的施工组织设计，对单位（子单位）工程的施工过程起指导和制约作用。

说明：单位工程和子单位工程的划分原则，在《建筑工程施工程质量验收统一标准》（GB 50300—2013）中已经明确。需要说明的是，对于已经编制了施工组织总设计的项目，单位工程施工组织设计应是施工组织总设计的进一步具体化，直接指导单位工程的施工管理和技术经济活动。

2.0.4 施工方案（construction scheme）。

以分部（分项）工程或专项工程为主要对象编制的施工技术与组织方案，用以具体指导其施工过程。

说明：施工方案在某些时候也称为分部（分项）工程或专项工程施工组织设计，但考虑通常情况下施工方案是施工组织设计的进一步细化，是施工组织设计的补充，施工组织设计的某些内容在施工方案中无须赘述，因而本规范将其定义为施工方案。

2.0.5 施工组织设计的动态管理（dynamic management of construction organization plan）。

在项目实施过程中，对施工组织设计的执行、检查和修改的适时管理活动。

说明：建筑工程具有产品的单一性，同时作为一种产品，又具有漫长的生产周期。施工组织设计是工程技术人员运用以往的知识和经验，对建筑工程的施工预先设计的一套运作程序和实施方法，但由于人们知识经验的差异及客观条件的变化，施工组织设计在实际执行中，难免会遇到不适用的部分，这就需要针对新情况进行修改或补充。同时，作为施工指导书，又必须将其意贯彻到具体操作人员，使操作人员按指导书进行作业，这是一个动态的管理过程。

2.0.6 施工部署（construction arrangement）。

对项目实施过程做出的统筹规划和全面安排，包括项目施工主要目标、施工顺序及空间组织、施工组织安排等。

说明：施工部署是施工组织设计的纲领性内容，施工进度计划、施工准备与资源配置计划、施工方法、施工现场平面布置和主要施工管理计划等施工组织设计的组成内容都应该围绕施工部署的原则编制。

2.0.7 项目管理组织机构（project management organization）。

施工单位为完成施工项目建立的项目施工管理机构。

说明：项目管理组织机构是施工单位内部的管理组织机构，是为某一具体施工项目而设立的，其岗位设置应和项目规模相匹配，人员组成应具备相应的上岗资格。

2.0.8 施工进度计划（construction schedule）。

为实现项目设定的工期目标，对各项施工过程的施工顺序、起止时间和相互衔接关系所做的统筹策划和安排。

说明：施工进度计划要保证拟建工程在规定的期限内完成，保证施工的连续性和均衡性，节约施工费用。编制施工进度计划需依据建筑工程施工的客观规律和施工条件，参考工期定额，综合考虑资金、材料、设备、劳动力等资源的投入。

2.0.9 施工资源（construction resources）。

为完成施工项目所需要的人力、物资等生产要素。

说明：施工资源是工程施工过程中所必须投入的各类资源，包括劳动力、建筑材料和设备、周转材料、施工机具等。施工资源具有有用性和可选择性等特征。

2.0.10 施工现场平面布置（construction site layout plan）。

在施工用地范围内，对各项生产、生活设施及其他辅助设施等进行规划和布置。

说明：施工现场就是建筑产品的组装厂，由于建筑工程和施工场地的千差万别，使施工现场平面布置因人、因地而异。合理布置施工现场，对保证工程施工顺利进行具有重要意义，施工现场平面布置应遵循方便、经济、高效、安全、环保、节能的原则。

2.0.11 进度管理计划（schedule management plan）。

保证实现项目施工进度目标的管理计划。其包括对进度及其偏差进行测量、分析、采取的必要措施和计划变更等。

说明：施工进度计划的实现离不开管理上和技术上的具体措施。另外，在工程施工进度计划执行过程中，由于各方面条件的变化经常使实际进度脱离原计划，这就需要施工管理者随时掌握工程施工进度，检查和分析进度计划的实施情况，及时进行必要的调整，保证施工进度总目标的完成。

2.0.12 质量管理计划（quality management plan）。

保证实现项目施工目标的管理计划。其包括制定、实施、评价所需的组织机构、职责、程序及采取的措施和资源配置等。

说明：工程质量目标的实现需要具体的管理和技术措施，根据工程质量形成的时间阶段，工程质量管理可分为事前管理、事中管理和事后管理，质量管理的重点应放在事前管理。

2.0.13 安全管理计划（safety management plan）。

保证实现项目施工职业健康安全目标的管理计划。其包括制定、实施所需的组织机构、职责、程序及采取的措施和资源配置等。

说明：建筑工程施工安全管理应贯彻"安全第一、预防为主"的方针。施工现场的

大部分伤亡事故是由于没有安全技术措施、缺乏安全技术知识、不做安全技术交底、安全生产责任制不落实，违章指挥、违章作业造成的。因此，只有建立完善的施工现场安全生产保证体系，才能确保施工的安全和健康。

2.0.14 环境管理计划（environment management plan）。

保证实现项目施工环境目标的管理计划。其包括制定、实施所需的组织机构、职责、程序及采取的措施和资源配置等。

说明：建筑工程施工过程中不可避免地会产生施工垃圾、粉尘、污水及噪声等环境污染，制订环境管理计划就是要通过可行的管理和技术措施，使环境污染降到最低。

2.0.15 成本管理计划（cost management plan）。

保证实现项目施工成本目标的管理计划。其包括成本预测、实施、分析、采取的必要措施和计划变更等。

说明：由于建筑产品生产周期长，造成了施工成本控制的难度。成本管理的基本原理就是把计划成本作为施工成本的目标值，在施工过程中定期地进行实际值与目标值的比较，通过比较找出实际支出额与计划成本之间的差距，分析产生偏差的原因，并采取有效的措施加以控制，以保证目标值的实现或减小差距。

3 基 本 规 定

3.0.1 施工组织设计按编制对象，可分为施工组织总设计、单位工程施工组织设计和施工方案。

说明：建筑施工组织设计还可以按照编制阶段的不同，分为投标阶段施工组织设计和实施阶段施工组织设计。本规范在施工组织设计的编制与管理上对这两个阶段的施工组织设计没有分别规定，但在实际操作中，编制投标阶段施工组织设计，强调的是符合招标文件要求，以中标为目的；编制实施阶段施工组织设计，强调的是可操作性。同时鼓励企业技术创新。

3.0.2 施工组织设计的编制必须遵循工程建设程序，并应符合下列原则：

说明：我国工程建设程序可归纳为以下4个阶段：投资决策阶段、勘察设计阶段、项目施工阶段、竣工验收和交付使用阶段。本条规定了编制施工组织设计应遵循的原则。

1 符合施工合同或招标文件中有关工程进度、质量、安全、环境保护、造价等方面的要求；

2 积极开发、使用新技术和新工艺，推广应用新材料和新设备；

说明：在目前市场经济条件下，企业应当积极利用工程特点、组织开发、创新施工技术和施工工艺。

3 坚持科学的施工程序和合理的施工顺序，采用流水施工和网络计划等方法，科学配置资源，合理布置现场，采取季节性施工措施，实现均衡施工，达到合理的经济技术指标。

4　采取技术和管理措施，推广建筑节能和绿色施工。

5　与质量、环境和职业健康安全3个管理体系有效结合。

说明：为保证持续满足过程能力和质量保证的要求，国家鼓励企业进行质量、环境和职业健康安全管理体系的认证制度，且目前这3个管理体系的认证在我国建筑行业中已经较普及，并且建立了企业内部管理体系文件，编制施工组织设计时，不应违背上述管理体系文件的要求。

3.0.3　施工组织设计应以下列内容作为编制依据：

说明：本条规定了施工组织设计的编制依据，其中技术经济指标主要指各地方的建筑工程概（预）算定额和相关规定。虽然建筑行业目前使用了清单计价的方法，但各地方制定的概（预）算定额在造价控制、材料和劳动力消耗等方面仍起到了一定的指导作用。

1　与工程建设有关的法律、法规和文件。

2　国家现行有关标准和技术经济指标。

3　工程所在地区行政主管部门的批准文件，建设单位对施工的要求。

4　工程施工合同或招标投标文件。

5　工程设计文件。

6　工程施工范围内的现场条件，工程地质及水文地质、气象等自然条件。

7　与工程有关的资源供应情况。

8　施工企业的生产能力、机具设备状况、技术水平等。

3.0.4　施工组织设计应包括编制依据、工程概况、施工部署、施工进度计划、施工准备与资源配置计划、主要施工方法、施工现场平面布置及主要施工管理计划等基本内容。

说明：本条仅对施工组织设计的基本内容加以规定，根据工程的具体情况，施工组织设计的内容可以添加或删减，本规范并不对施工组织设计的具体章节顺序加以规定。

3.0.5　施工组织设计的编制和审批应符合下列规定：

1　施工组织设计应由项目负责人主持编制，可根据需要分阶段编制和审批。

说明：有些分期分批建设的项目跨越时间很长，还有些项目地基基础、主体结构、装修装饰和机电设备安装并不是由一个总承包单位完成的，此外还有一些特殊情况的项目，在征得建设单位同意的情况下，施工单位可分阶段编制施工组织设计。

2　施工组织总设计应由总承包单位技术负责人审批；单位工程施工组织设计应由施工单位技术负责人或技术负责人授权的技术人员审批，施工方案应由项目技术负责人审批；重点、难点分部（分项）工程和专项工程施工方案应由施工单位技术部门组织相关专家评审，施工单位技术负责人批准。

说明：在《建设工程安全生产管理条例》（国务院第393号令）中规定：对下列达到一定规模的危险性较大的分部（分项）工程编制专项施工方案，并附具安全验算结果，

经施工单位技术负责人、总监理工程师签字后实施。

1）基坑支护与降水工程。

2）土方开挖工程。

3）模板工程。

4）起重吊装工程。

5）脚手架工程。

6）拆除爆破工程。

7）国务院建设行政主管部门或其他有关部门规定的其他危险性较大的工程。

对前款所列工程中涉及深基坑、地下暗挖工程、高大模板工程的专项施工方案，施工单位还应当组织专家进行论证、审查。除上述《建设工程安全生产管理条例》中规定的分部（分项）工程外，施工单位还应根据项目特点和地方政府部门有关规定，对具有一定规模的重点、难点分部（分项）工程进行相关论证。

3　由专业承包单位施工的分部（分项）工程或专项工程的施工方案，应由专业承包单位技术负责人或技术负责人授权的技术人员审批；有总承包单位时，应由总承包单位项目技术负责人核准备案。

4　规模较大的分部（分项）工程和专项工程的施工方案应按单位工程施工组织设计进行编制和审批。

说明：有些分部（分项）工程或专项工程，如主体结构为钢结构的大型建筑工程，其钢结构分部规模很大且在整个工程中占有重要的地位，需另行分包，遇到这种情况的分部（分项）工程或专项工程，其施工方案应按施工组织设计进行编制和审批。

3.0.6　施工组织设计应实行动态管理，并符合下列规定：

1　项目施工过程中，发生以下情况之一时，施工组织设计应及时进行修改或补充：

1）工程设计有重大修改。

说明：当工程设计图纸发生重大修改时，如地基基础或主体结构的形式发生变化、装修材料或做法发生重大变化、机电设备系统发生大调整等，需要对施工组织设计进行修改；对工程设计图纸的一般性修改，视变化情况对施工组织设计进行补充；对工程设计图纸的细微修改或更正，施工组织设计则不需调整。

2）有关法律、法规、规范和标准实施、修订和废止。

说明：当有关法律、法规、规范和标准开始实施或发生变更，并涉及工程的实施、检查或验收时，施工组织设计需要进行修改或补充。

3）主要施工方法有重大调整。

说明：由于主客观条件的变化，施工方法有重大变更，原来的施工组织设计已不能正确地指导施工，需要对施工组织设计进行修改或补充。

4）主要施工资源配置有重大调整。

说明：当施工资源的配置有重大变更，并且影响到施工方法的变化或对施工进度、质量、安全、环境、造价等造成潜在的重大影响，需对施工组织设计进行修改或补充。

5）施工环境有重大改变。

说明：当施工环境发生重大改变，如施工延期造成季节性施工方法变化，施工场地变化造成现场布置和施工方式改变等，导致原来的施工组织设计已不能正确地指导施工时，需对施工组织设计进行修改或补充。

2　经修改或补充的施工组织设计应重新审批后实施。

3　项目施工前应进行施工组织设计逐级交底；项目施工过程中，应对施工组织设计的执行情况进行检查、分析并适时调整。

3.0.7　施工组织设计应在工程竣工验收后归档。

4　施工组织总设计

4.1　工程概况

4.1.1　工程概况应包括项目主要情况和项目主要施工条件等。

4.1.2　项目主要情况应包括下列内容：

1　项目名称、性质、地理位置和建设规模。

说明：项目性质可分为工业和民用两大类，应简要介绍项目的使用功能；建设规模可包括项目的占地总面积、投资规模（产量）、分期分批建设范围等。

2　项目的建设、勘察、设计和监理等相关单位的情况。

3　项目设计概况。

说明：简要介绍项目的建筑面积、建筑高度、建筑层数、结构形式、建筑结构及装饰用料、建筑抗震设防烈度、安装工程和机电设备的配置等情况。

4　项目承包范围及主要分包工程范围。

5　施工合同或招标文件对项目施工的重点要求。

6　其他应说明的情况。

4.1.3　项目主要施工条件应包括下列内容：

1　项目建设地点气象状况。

说明：简要介绍项目建设地点的气温、雨、雪、风和雷电等气象变化情况及冬季、雨季的期限和冬季土的冻结深度等情况。

2　项目施工区域地形和工程水文地质状况。

说明：简要介绍项目施工区域地形变化和绝对标高，地质构造、土的性质和类别、地基土的承载力、河流流量和水质、最高洪水和枯水期水位，地下水位的高低变化，含水层的厚度、流向、流量和水质等情况。

3　项目施工区域地上、地下管线及相邻的地上、地下建（构）筑物情况。

4　与项目施工有关的道路、河流等状况。

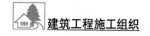

5 当地建筑材料、设备供应和交通运输等服务能力状况。

说明：简要介绍建设项目的主要材料、特殊材料和生产工艺设备供应条件及交通运输条件。

6 当地供电、供水、供热和通信能力状况。

说明：根据当地供电、供水、供热和通信情况，按照施工需求描述相关资源提供能力及解决方案。

7 其他与施工有关的主要因素。

4.2 总体施工部署

4.2.1 施工组织总设计应对项目总体施工做出下列宏观部署：

1 确定项目施工总目标，包括进度、质量、安全、环境和成本目标。

2 根据项目施工总目标的要求，确定项目分阶段（期）交付的计划。

说明：建设项目通常由若干个相对独立的投产或交付使用的子系统组成；如大型工业项目有主体生产系统、辅助生产系统和附属生产系统之分，住宅小区有居住建筑、服务性建筑和附属性建筑之分；可以根据项目施工总目标的要求，将建设项目划分为分期（分批）投产或交付使用的独立交工系统；在保证工期的前提下，实行分期、分批建设，既可使各具体项目迅速建成，尽早投入使用，又可在全局上实现施工的连续性和均衡性，减少暂设工程数量，降低工程成本。

3 确定项目分阶段（期）施工的合理顺序及空间组织。

说明：根据上款确定的项目分阶段（期）交付计划，合理地确定每个单位工程的开工、竣工时间，划分各参与施工单位的工作任务，明确各单位之间分工与协作的关系，确定综合的和专业化的施工组织，保证先后投产或交付使用的系统都能够正常运行。

4.2.2 对于项目施工的重点和难点应进行简要分析。

4.2.3 总承包单位应明确项目管理组织机构形式，并宜采用框图的形式表示。

说明：项目管理组织机构形式应根据施工项目的规模、复杂程度、专业特点、人员素质和地域范围确定。大中型项目宜设置矩阵式项目管理组织，远离企业管理层的大中型项目宜设置事业部式项目管理组织，小型项目宜设置直线职能式项目管理组织。

4.2.4 对于项目施工中开发和使用的新技术、新工艺应做出部署。

说明：根据现有的施工技术水平和管理水平，对项目施工中开发和使用的新技术、新工艺应做出规划并采取可行的技术、管理措施来满足工期和质量等要求。

4.2.5 对主要分包项目施工单位的资质和能力应提出明确要求。

4.3 施工总进度计划

4.3.1 施工总进度计划应按照项目总体施工部署的安排进行编制。

说明：施工总进度计划应依据施工合同、施工进度目标、有关技术经济资料，并按照总体施工部署确定的施工顺序和空间组织等进行编制。

4.3.2　施工总进度计划可采用网络图或横道图表示，并附必要说明。

说明：施工总进度计划的内容应包括编制说明，施工总进度计划表（图），分期（分批）实施工程的开工、竣工日期、工期一览表等。施工总进度计划宜优先采用网络计划，网络计划应按国家现行标准《网络计划技术》（GB/T 13400.1～3）及行业标准《工程网络计划技术规程》（JGJ/T 121—2015）的要求编制。

4.4　总体施工准备与主要资源配置计划

4.4.1　总体施工准备应包括技术准备、现场准备和资金准备等。

说明：应根据施工开展顺序和主要工程项目施工方法，编制总体施工准备工作计划。

4.4.2　技术准备、现场准备和资金准备应满足项目分阶段（期）施工的需要。

说明：技术准备包括施工过程所需技术资料的准备、施工方案编制计划、试验检验及设备调试工作计划等；现场准备包括现场生产、生活等临时设施，如临时生产、生活用房、临时道路、材料堆放场，临时用水、用电和供热、供气等的计划；资金准备应根据施工总进度计划编制资金使用计划。

4.4.3　主要资源配置计划应包括劳动力配置计划和物资配置计划等。

说明：劳动力配置计划应按照各工程项目工程量，并根据总进度计划，参照概（预）算定额或有关资料确定。目前施工企业在管理体制上已普遍实行管理层和劳务作业层的两层分离，合理的劳动力配置计划可减少劳务作业人员不必要的进、退场或避免窝工状态，进而节约施工成本。

4.4.4　劳动力配置计划应包括下列内容：

1　确定各施工阶段（期）的总用工量。

2　根据施工总进度计划确定各施工阶段（期）的劳动力配置计划。

4.4.5　物资配置计划应包括下列内容：

说明：物资配置计划应根据总体施工部署和施工总进度计划确定主要物资的计划总量及进、退场时间。物资配置计划是组织建筑工程施工所需各种物资进、退场的依据，科学合理的物资配置计划既可保证工程建设的顺利进行，又可降低工程成本。

1　根据施工总进度计划确定主要工程材料和设备的配置计划。

2　根据总体施工部署和施工总进度计划确定主要施工周转材料和施工机具的配置计划。

4.5　主要施工方法

说明：施工组织总设计要制定一些单位（子单位）工程和主要分部（分项）工程所采用的施工方法，这些工程通常是建筑工程中工程量大、施工难度大、工期长，对整个项目的完成起关键作用的建（构）筑物及影响全局的主要分部（分项）工程。

制定主要工程项目施工方法的目的是进行技术和资源的准备工作，同时也为了施工进程的顺利开展和现场的合理布置，对施工方法的确定要兼顾技术工艺的先进性和可操

作性及经济上的合理性。

4.5.1 施工组织总设计应对项目涉及的单位（子单位）工程和主要分部（分项）工程所采用的施工方法进行简要说明。

4.5.2 对脚手架工程、起重吊装工程、临时用水用电工程、季节性施工等专项工程所采用的施工方法应进行简要说明。

4.6 施工总平面布置

4.6.1 施工总平面布置应符合下列原则：

1 平面布置科学合理，施工场地占用面积少。

2 合理组织运输，减少二次搬运。

3 施工区域的划分和场地的临时占用应符合总体施工部署和施工流程的要求，减少相互干扰。

4 充分利用既有建（构）筑物和既有设施为项目施工服务降低临时设施的建造费用。

5 临时设施应方便生产和生活，办公区、生活区和生产区宜分离设置。

6 符合节能、环保、安全和消防等要求。

7 遵守当地主管部门和建设单位关于施工现场安全文明施工的相关规定。

4.6.2 施工总平面布置图应符合下列要求：

说明：施工总平面布置应按照项目分期（分批）施工计划进行布置，并绘制总平面布置图。一些特殊的内容，如现场临时用电、临时用水布置等，当总平面布置图不能清晰表示时，也可单独绘制平面布置图。

平面布置图绘制应有比例关系，各种临时设施应标注外围尺寸，并应有文字说明。

1 根据项目总体施工部署，绘制现场不同施工阶段（期）的总平面布置图。

2 施工总平面布置图的绘制应符合国家相关标准要求并附必要说明。

4.6.3 施工总平面布置图应包括下列内容：

说明：现场所有设施、用房应由总平面布置图表述，避免采用文字叙述的方式。

1 项目施工用地范围内的地形状况。

2 全部拟建的建（构）筑物和其他基础设施的位置。

3 项目施工用地范围内的加工设施、运输设施、存储设施、供电设施、供水供热设施、排水排污设施、临时施工道路和办公、生活用房等。

4 施工现场必备的安全、消防、保卫和环境保护等设施。

5 相邻的地上、地下既有建（构）筑物及相关环境。

5　单位工程施工组织设计

5.1　工程概况

说明：工程概况的内容应尽量采用图表进行说明。

5.1.1　工程概况应包括工程主要情况、各专业设计简介和工程施工条件等。

5.1.2　工程主要情况应包括下列内容：

1　工程名称、性质和地理位置。

2　工程的建设、勘察、设计、监理和总承包等相关单位的情况。

3　工程承包范围和分包工程范围。

4　施工合同、招标文件或总承包单位对工程施工的重点要求。

5　其他应说明的情况。

5.1.3　各专业设计简介应包括下列内容：

1　建筑设计简介应依据建设单位提供的建筑设计文件进行描述，包括建筑规模、建筑功能、建筑特点、建筑耐火、防水及节能要求等，并应简单描述工程的主要装修做法。

2　结构设计简介应依据建设单位提供的结构设计文件进行描述，包括结构形式、地基基础形式、结构安全等级、抗震设防类别、主要结构构件类型及要求等。

3　机电及设备安装专业设计简介应依据建设单位提供的各相关专业设计文件进行描述，包括给水、排水及采暖系统、通风与空调系统、电气系统、智能化系统、电梯等各个专业系统的做法要求。

5.1.4　工程施工条件应参照本规范第 4.1.3 条所列主要内容进行说明。

5.2　施工部署

5.2.1　工程施工目标应根据施工合同、招标文件及本单位对工程管理目标的要求确定，包括进度、质量、安全、环境和成本等目标。各项目标应满足施工组织总设计中确定的总体目标。

说明：当单位工程施工组织设计作为施工组织总设计的补充时，其各项目标的确立应同时满足施工组织总设计中确立的施工目标。

5.2.2　施工部署中的进度安排和空间组织应符合下列规定：

1　工程主要施工内容及其进度安排应明确说明，施工顺序应符合工序逻辑关系。

说明：施工部署应对本单位工程的主要分部（分项）工程和专项工程的施工做出统

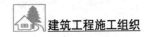

筹安排，对施工过程的里程碑节点进行说明。

2 施工流水段应结合工程具体情况分阶段进行划分；单位工程施工阶段的划分一般包括地基基础、主体结构、装修装饰和机电设备安装三个阶段。

说明：施工流水段划分应根据工程特点及工程量进行合理划分，并应说明划分依据及流水方向，确保均衡流水施工。

5.2.3 对于工程施工的重点和难点应进行分析，包括组织管理和施工技术两个方面。

说明：工程的重点和难点对于不同工程和不同企业具有一定的相对性，某些重点、难点工程的施工方法可能已通过有关专家论证成为企业工法或企业施工工艺标准，此时企业可直接引用。重点、难点工程的施工方法选择应着重考虑影响整个单位工程的分部（分项）工程，如工程量大、施工技术复杂或对工程质量起关键作用的分部（分项）工程。

5.2.4 工程管理的组织机构形式应按照本规范第 4.2.3 条的规定执行，并确定项目经理部的工作岗位设置及其职责划分。

5.2.5 对于工程施工中开发和使用的新技术、新工艺应做出部署，对新材料和新设备的使用应提出技术及管理要求。

5.2.6 对主要分包工程施工单位的选择要求及管理方式应进行简要说明。

5.3 施工进度计划

5.3.1 单位工程施工进度计划应按照施工部署的安排进行编制。

说明：施工进度计划是施工部署在时间上的体现，反映了施工顺序和各个阶段工程进展情况，应均衡协调、科学安排。

5.3.2 施工进度计划可采用网络图或横道图表示，并附必要说明；对于工程规模较大或较复杂的工程，宜采用网络图表示。

说明：一般工程画横道图即可，对工程规模较大、工序比较复杂的工程宜采用网络图表示，通过对各类参数的计算，找出关键线路，选择最优方案。

5.4 施工准备与资源配置计划

5.4.1 施工准备应包括技术准备、现场准备和资金准备等。

1 技术准备应包括施工所需技术资料的准备、施工方案编制计划、试验检验及设备调试工作计划、样板制作计划等。

1）主要分部（分项）工程和专项工程在施工前应单独编制施工方案，施工方案可根据工程进展情况，分阶段编制完成；对需要编制的主要施工方案应制定编制计划。

2）试验检验及设备调试工作计划应根据现行规范、标准中的有关要求及工程规模、进度等实际情况制定。

3）样板制作计划应根据施工合同或招标文件的要求并结合工程特点制定。

2 现场准备应根据现场施工条件和实际需要，准备现场生产、生活等临时设施。

3 资金准备应根据施工进度计划编制资金使用计划。

5.4.2 资源配置计划应包括劳动力计划和物资配置计划等。

1 劳动力配置计划应包括下列内容：

1）确定各施工阶段用工量。

2）根据施工进度计划确定各施工阶段劳动力配置计划。

2 物资配置计划应包括下列内容：

1）主要工程材料和设备的配置计划应根据施工进度计划确定，包括各施工阶段所需主要工程材料、设备的种类和数量。

2）工程施工主要周转材料和施工机具的配置计划应根据施工部署和施工进度计划确定，包括各施工阶段所需主要周转材料、施工机具的种类和数量。

5.5 主要施工方案

5.5.1 单位工程应按照《建筑工程施工质量验收统一标准》（GB 50300—2013）中分部、分项工程的划分原则，对主要分部、分项工程制定施工方案。

5.5.2 对脚手架工程、起重吊装工程、临时用水用电工程、季节性施工等专项工程所采用的施工方案应进行必要的验算和说明。

5.6 施工现场平面布置

5.6.1 施工现场平面布置图应参照本规范第 4.6.1 条和第 4.6.2 条的规定并结合施工组织总设计，按不同施工阶段分别绘制。

5.6.2 施工现场平面布置图应包括下列内容：

1 工程施工场地状况。

2 拟建建（构）筑物的位置、轮廓尺寸、层数等。

3 工程施工现场的加工设施、存储设施、办公和生活用房等的位置和面积。

4 布置在工程施工现场的垂直运输设施、供电设施、供水供热设施、排水排污设施和临时施工道路等。

5 施工现场必备的安全、消防、保卫和环境保护等设施。

6 相邻的地上、地下既有建（构）筑物及相关环境。

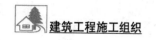

6 施工方案

6.1 工程概况

6.1.1 工程概况应包括工程主要情况、设计简介和工程施工条件等。

6.1.2 工程主要情况应包括分部（分项）工程或专项工程名称，工程参建单位的相关情况，工程的施工范围、施工合同、招标文件或总承包单位对工程施工的重点要求等。

6.1.3 设计简介应主要介绍施工范围内的工程设计内容和相关要求。

6.1.4 工程施工条件应重点说明与分部（分项）工程或专项工程相关的内容。

6.2 施工安排

6.2.1 工程施工目标包括进度质量、安全、环境和成本等目标，各项目标应满足施工合同、招标文件和总承包单位对工程施工的要求。

6.2.2 工程施工顺序及施工流水段应在施工安排中确定。

6.2.3 针对工程的重点和难点，进行施工安排并简述主要管理和技术措施。

6.2.4 工程管理的组织机构及岗位职责应在施工安排中确定并应符合总承包单位的要求。

说明：根据分部（分项）工程或专项工程的规模、特点、复杂程度、目标控制和总承包单位的要求设置项目管理机构，该机构各种专业人员配备齐全，完善项目管理网络，建立健全岗位责任制。

6.3 施工进度计划

6.3.1 分部（分项）工程或专项工程施工进度计划应按照施工安排，并结合总承包单位的施工进度计划进行编制。

说明：施工进度计划的编制应内容全面、安排合理、科学实用，在进度计划中应反映出各施工区段或各工序之间的搭接关系，施工期限和开始、结束时间。同时，施工进度计划应能体现和落实总体进度计划的目标控制要求；通过编制分部（分项）工程或专项工程进度计划进而体现总进度计划的合理性。

6.3.2 施工进度计划可采用网络图或横道图表示，并附必要说明。

6.4 施工准备与资源配置计划

6.4.1 施工准备应包括下列内容：

1 技术准备：包括施工所需技术资料的准备、图纸深化和技术交底的要求、试验检验和测试工作计划、样板制作计划及与相关单位的技术交接计划等。

2 现场准备：包括生产、生活等临时设施的准备及与相关单位进行现场交接的计划等。

3 资金准备：编制资金使用计划等。

6.4.2 资源配置计划应包括下列内容：

1 劳动力配置计划：确定工程用工量并编制专业工种劳动力计划表。

2 物资配置计划：包括工程材料和设备配置计划、周转材料和施工机具配置计划及计量、测量和检验仪器配置计划等。

6.5 施工方法及工艺要求

6.5.1 明确分部（分项）工程或专项工程施工方法并进行必要的技术核算，对主要分项工程（工序）明确施工工艺要求。

说明：施工方法是工程施工期间所采用的技术方案、工艺流程、组织措施、检验手段等。它直接影响施工进度、质量、安全及工程成本。本条所规定的内容应比施工组织总设计和单位工程施工组织设计的相关内容更细化。

6.5.2 对易发生质量通病、易出现安全问题、施工难度大、技术含量高的分项工程（工序）等应做出重点说明。

6.5.3 对开发和使用的新技术、新工艺及采用的新材料、新设备应通过必要的试验或论证并制订计划。

说明：对于工程中推广应用的新技术、新工艺、新材料和新设备，可以采用目前国家和地方推广的，也可以根据工程具体情况由企业创新；对于企业创新的技术和工艺，要制定理论和试验研究实施方案，并组织鉴定评价。

6.5.4 对季节性施工应提出具体要求。

说明：根据施工地点的实际气候特点，提出具有针对性的施工措施。在施工过程中，还应根据气象部门的预报资料，对具体措施进行细化。

7　主要施工管理计划

7.1 一般规定

7.1.1 施工管理计划应包括进度管理计划、质量管理计划、安全管理计划、环境管理计划、成本管理计划及其他管理计划等内容。

说明：施工管理计划在目前多作为管理和技术措施编制在施工组织设计中，这是施工组织设计必不可少的内容。施工管理计划涵盖很多方面的内容，可根据工程的具体情况加以取舍。在编制施工组织设计时，各项管理计划可单独成章，也可穿插在施工组织

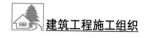

设计的相应章节中。

7.1.2 各项管理计划的制定,应根据项目的特点有所侧重。

7.2 进度管理计划

7.2.1 项目施工进度管理应按照项目施工的技术规律和合理的施工顺序,保证各工序在时间上和空间上的顺利衔接。

说明:不同的工程项目其施工技术规律和施工顺序不同。即使是同一类工程项目,其施工顺序也难以做到完全相同。因此必须根据工程特点,按照施工的技术规律和合理的组织关系,解决各工序在时间和空间上的先后顺序和搭接问题,以达到保证质量、安全施工、充分利用空间、争取时间、实现经济合理安排进度的目的。

7.2.2 进度管理计划应包括下列内容:

1 对项目施工进度计划进行逐级分解,通过阶段性目标的实现保证最终工期目标的完成。

说明:在施工活动中通常是通过对最基础的分部(分项)工程的施工进度控制来保证各个单项(单位)工程或阶段工程进度控制目标的完成,进而实现项目施工进度控制总体目标;因而需要将总体进度计划进行一系列从总体到细部、从高层次到基础层次的层层分解,一直分解到在施工现场可以直接调度控制的分部(分项)工程或施工作业过程为止。

2 建立施工进度管理的组织机构并明确职责,制定相应管理制度。

说明:施工进度管理的组织机构是实现进度计划的组织保证;它既是施工进度计划的实施组织,又是施工进度计划的控制组织;既要承担进度计划实施赋予的生产管理和施工任务,又要承担进度控制目标,对进度控制负责,因此需要严格落实有关管理制度和职责。

3 针对不同施工阶段的特点,制定进度管理的相应措施,包括施工组织措施、技术措施和合同措施等。

4 建立施工进度动态管理机制,及时纠正施工过程中的进度偏差,并制定特殊情况下的赶工措施。

说明:面对不断变化的客观条件,施工进度往往会产生偏差;当发生实际进度比计划进度超前或落后时,控制系统就要做出应有的反应:分析偏差产生的原因,采取相应的措施,调整原来的计划,使施工活动在新的起点上按调整后的计划继续运行,如此循环往复,直至预期计划目标的实现。

5 根据项目周边环境特点,制定相应的协调措施,减少外部因素对施工进度的影响。

说明:项目周边环境是影响施工进度的重要因素之一,其不可控性大,必须重视如环境扰民、交通组织和偶发意外等因素,采取相应的协调措施。

7.3 质量管理计划

7.3.1 质量管理计划可参照《质量管理体系 要求》（GB/T 19001—2016），在施工单位质量管理体系的框架内编制。

说明：施工单位应按照《质量管理体系 要求》（GB/T 19001—2016）建立本单位的质量管理体系文件。可以独立编制质量计划，也可以在施工组织设计中合并编制质量计划的内容。质量管理应按照 PDCA 循环模式，加强过程控制，通过持续改进提高工程质量。

7.3.2 质量管理计划应包括下列内容：

1 按照项目具体要求确定质量目标并进行目标分解，质量指标应具有可测量性。

说明：应制定具体的项目质量目标，质量目标应不低于工程合同明示的要求；质量目标应尽可能地量化和层层分解到最基层，建立阶段性目标。

2 建立项目质量管理的组织机构并明确职责。

说明：应明确质量管理组织机构中各重要岗位的职责，与质量有关的各岗位人员应具备与职责要求匹配的相应知识、能力和经验。

3 制定符合项目特点的技术保障和资源保障措施，通过可靠的预防控制措施，保证质量目标的实现。

说明：应采取各种有效措施，确保项目质量目标的实现；这些措施包含但不局限于：原材料、构配件、机具的要求和检验，主要的施工工艺、主要的质量标准和检验方法，夏季、冬季和雨期施工的技术措施，关键过程、特殊过程、重点工序的质量保证措施，成品、半成品的保护措施，工作场所环境及劳动力和资金保障措施等。

4 建立质量过程检查制度，并对质量事故的处理做出相应规定。

说明：按质量管理八项原则中的过程方法要求，将各项活动和相关资源作为过程进行管理，建立质量过程检查、验收及质量责任制等相关制度，对质量检查和验收标准做出规定，采取有效的纠正和预防措施，保障各工序和过程的质量。

7.4 安全管理计划

7.4.1 安全管理计划可参照《职业健康安全管理体系 要求》（GB/T 28001—2011），在施工单位安全管理体系的框架内编制。

说明：目前大多数施工单位基于《职业健康安全管理体系 要求》（GB/T 28001—2011）通过了职业健康安全管理体系的认证，建立了企业内部的安全管理体系。安全管理计划应在企业安全管理体系的框架内，针对项目的实际情况编制。

7.4.2 安全管理计划应包括下列内容：

说明：建筑施工安全事故（危害）通常分为七大类：高处坠落、机械伤害、物体打击、坍塌倒塌、火灾爆炸、触电、窒息中毒。安全管理计划应针对项目具体情况，建立安全管理组织，制定相应的管理目标、管理制度、管理控制措施和应急预案等。

1 确定项目重要危险源，制定项目职业健康安全管理目标。

2 建立有管理层次的项目安全管理组织机构并明确职责。

3 根据项目特点，进行职业健康安全方面的资源配置。

4 建立具有针对性的安全生产管理制度和职工安全教育培训制度。

5 针对项目重要危险源，制定相应的安全技术措施；对达到一定规模的危险性较大的分部（分项）工程和特殊工种的作业应制定专项安全技术措施的编制计划。

6 根据季节、气候的变化制定相应的季节性安全施工措施。

7 建立现场安全检查制度，并对安全事故的处理做出相应规定。

7.4.3 现场安全管理应符合国家和地方政府部门的要求。

7.5 环境管理计划

7.5.1 环境管理计划可参照《环境管理体系 要求及使用指南》（GB/T 24001—2016），在施工单位环境管理体系的框架内编制。

说明：施工现场环境管理越来越受到建设单位和社会各界的重视，同时各地方政府也不断出台新的环境监管措施，环境管理计划已成为施工组织设计的重要组成部分。对于通过了环境管理体系认证的施工单位，环境管理计划应在企业环境管理体系的框架内，针对项目的实际情况编制。

7.5.2 环境管理计划应包括下列内容：

说明：一般来讲，建筑工程常见的环境因素包括如下内容：①大气污染；②垃圾污染；③建筑施工中建筑机械发出的噪声和强烈的振动；④光污染；⑤放射性污染；⑥生产、生活污水排放。应根据建筑工程各阶段的特点，依据分部（分项）工程进行环境因素的识别和评价，并制定相应的管理目标、控制措施和应急预案等。

1 确定项目重要环境因素，制定项目环境管理目标。

2 建立项目环境管理的组织机构并明确职责。

3 根据项目特点进行环境保护方面的资源配置。

4 制定现场环境保护的控制措施。

5 建立现场环境检查制度，并对环境事故的处理做出相应的规定。

7.5.3 现场环境管理应符合国家和地方政府部门的要求。

7.6 成本管理计划

7.6.1 成本管理计划应以项目施工预算和施工进度计划为依据编制。

7.6.2 成本管理计划应包括下列内容：

1 根据项目施工预算，制定项目施工成本目标。

2 根据施工进度计划，对项目施工成本目标进行阶段分解。

3 建立施工成本管理的组织机构并明确职责，制定相应管理制度。

4 采取合理的技术、组织和合同等措施，控制施工成本。

5 确定科学的成本分析方法，制定必要的纠偏措施和风险控制措施。

7.6.3 必须正确处理成本与进度、质量、安全和环境等之间的关系。

说明：成本管理是与进度管理、质量管理、安全管理和环境管理等同时进行的，是针对整体施工目标系统所实施的管理活动的一个组成部分。在成本管理中，要协调好与进度、质量、安全和环境等的关系，不能片面强调成本节约。

7.7 其他管理计划

7.7.1 其他管理计划宜包括绿色施工管理计划、防火保安管理计划、合同管理计划、组织协调管理计划、创优质工程管理计划、质量保修管理计划及对施工现场人力资源、施工机具、材料设备等生产要素的管理计划等。

7.7.2 其他管理计划可根据项目的特点和复杂程度加以取舍。

7.7.3 各项管理计划的内容应有目标，有组织机构，有资源配置，有管理制度和技术、组织措施等。

参 考 文 献

申永康，2013．建筑工程施工组织[M]．重庆：重庆大学出版社．
徐伟，李劲辉，王旭峰，2011．施工组织设计计算[M]．北京：中国建筑工业出版社．
张迪，2007．建筑施工组织与管理[M]．北京：中国水利水电出版社．
中国建筑技术集团有限公司，2009．建筑施工组织设计规范：GB/T 50502—2009[S]．北京：中国建筑工业出版社．
周国恩，2010．工程施工组织[M]．北京：北京大学出版社．